就业技能培训新模式教材

茶艺

本书编写组　编写

李　强　杨国英　审稿

中国劳动社会保障出版社

图书在版编目（CIP）数据

茶艺 / 本书编写组编写. -- 北京：中国劳动社会保障出版社，2024

就业技能培训新模式教材

ISBN 978-7-5167-6257-8

Ⅰ. ①茶…　Ⅱ. ①本…　Ⅲ. ①茶艺-中国-职业培训-教材　Ⅳ. ①TS971.21

中国国家版本馆 CIP 数据核字（2024）第 043057 号

中国劳动社会保障出版社出版发行

（北京市惠新东街 1 号　邮政编码：100029）

*

河北品睿印刷有限公司印刷装订　　新华书店经销

880 毫米 ×1230 毫米　32 开本　5 印张　121 千字

2024 年 8 月第 1 版　　2024 年 8 月第 1 次印刷

定价：16.00 元

营销中心电话：400-606-6496

出版社网址：http://www.class.com.cn

版权专有　　侵权必究

如有印装差错，请与本社联系调换：（010）81211666

我社将与版权执法机关配合，大力打击盗印、销售和使用盗版图书活动，敬请广大读者协助举报，经查实将给予举报者奖励。

举报电话：（010）64954652

Preface 前言

为深入实施人才强国战略、就业优先战略，健全完善终身职业技能培训体系，探索“互联网＋职业技能培训”新形态，不断加强职业培训教材与数字资源供给，有效提高培训质量，满足开展就业技能培训需要，特别是开展线上线下混合模式职业技能培训的需要，中国劳动社会保障出版社组织编写了就业技能培训新模式教材。在教材的组织编写过程中，以就业技能需求为依据，贯彻“以就业为导向，以技能为核心”的理念，并力求使教材具有以下特点：

精。教材内容以就业必备技能为主线，按照说明书的方式编写，精选就业岗位操作必备的知识和技能，满足就业技能培训的需要，让学员在短期内掌握岗位所需技能，顺利上岗。

融。教材以纸数融合为特色，将数字化资源与教学内容有机融合，学员不仅可以按照教材内容一步步掌握知识和技能，还可以通过扫描二维码反复观看操作技能视频、图片、案例等数字资源，便于直观学习理解和对照操作，逐步提高技能水平。

易。对教材内容的呈现形式进行了精心设计，采用图表、色彩等多元化的呈现形式，同时还设置了“注意事项”“小贴士”等多个小栏目，以使内容更加丰富且易于理解。

就业技能培训新模式教材的编写是一项探索性工作，由于时间紧迫，不足之处在所难免，欢迎各使用单位及个人对教材提出宝贵意见和建议，以便教材修订时补充更正。

Contents 目 录

模块一
茶艺岗位素养

学习单元一　服务礼仪

一、仪容仪表

茶艺服务人员的仪容仪表，不仅体现其文化修养，也可以反映其审美情趣，优雅的举止更能赢得宾客的好感，提高服务质量。

1. 着装得体

着装以整洁大方为好，不宜太鲜艳，要与环境、茶具相匹配。另外，服装样式以中式为宜，袖口不宜过宽，否则会沾到茶具或茶水，给宾客一种不卫生的感觉。服装要经常清洗，保持整洁。

着装

2. 发型整齐

发型要适合自己的脸型和气质，给宾客一种舒适、整洁、大方的感觉。在工作中，茶艺服务人员的头发要按泡茶时的要求进行梳理。

小贴士

※ 如果是短发，要求在低头时头发不能落下，以免挡住视线。

※ 如果是长发，要求将头发束起，否则泡茶时会影响操作。

正面发型

侧面发型

3. 手型优美

茶艺服务人员平时要注意保养手部，随时保持手部清洁、干净。手上不能戴饰物，不能涂指甲油。指甲要及时修剪整齐，不留长指甲。

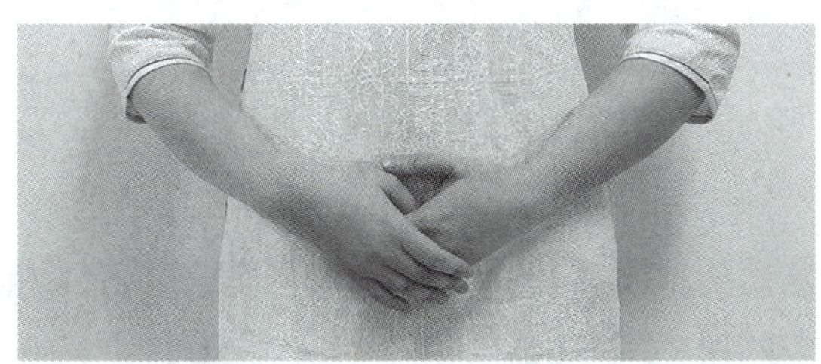
手型

4. 面部干净

面部妆容应为淡妆，不要太浓；也不要喷洒味道浓烈的香水，否则茶香会被破坏，与茶叶给宾客带来的感觉也不一致。

面部

二、仪态要求

仪态一般可分为站姿、坐姿、蹲姿、走姿四大类。优美的站、坐、蹲、走的姿态，可以展示出不同的动态美、良好的气质和风度。

1. 站姿

站姿是基本功。一个良好的站姿，不管是在品茗服务中还是在表演台上，都能体现茶艺服务人员的整体美感，给宾客以赏心悦目的感受。

站姿要领。站立时需做到双腿并拢，身体挺直，双肩放松，两眼平视。女士应将双手虎口交叉，右手贴在左手上，并置于腹前；男士应将双手自然垂放于身体两侧，虎口向前，双脚可呈外八字稍作分开。

女士站姿

男士站姿

注意事项

※ 身体不要东倒西歪、耸肩歪脑。

※ 双手不要叉腰或抱在胸前，也不要插入衣袋或随意放在身后。

※ 身体重心主要支撑于脚掌、脚弓上。
※ 站累了双脚可暂作“稍息”状态，但上体仍须保持正直。其要求是身体重心偏移到左脚或右脚上，另一条腿微向前屈膝，使脚部肌肉放松。

2. 坐姿

茶艺服务人员在工作中经常要为宾客沏泡各种茶，有时需要坐着进行，因此良好的坐姿也显得尤为重要。

坐姿要领。入座时，应轻盈、和缓、自如地走到座位前，自然转身后退，轻稳落座，将双脚自然摆放，坐在椅子的 1/2 ～ 2/3 处。

坐下后，挺胸、收腹、头正肩平，肩部不能因为操作动作的改变而左右倾斜。切忌两腿分开，或一腿搁在另一腿上不断抖动。另外，女士着裙装可将后裙摆抚平后再坐，显得庄重、文雅，可将双手手掌上下相搭，平放于两腿中间；男士可将双手手心平放于两腿的上方。

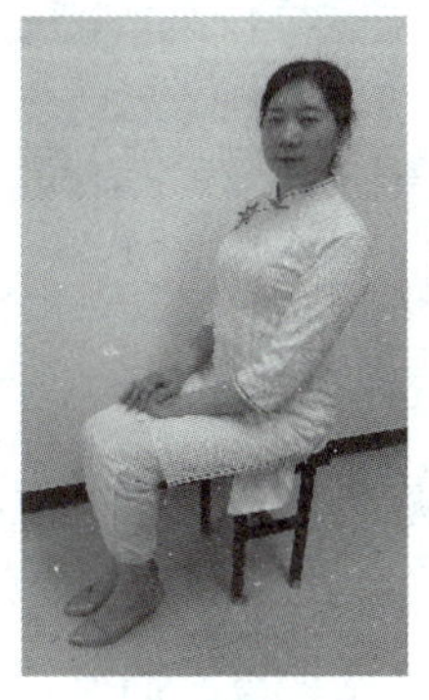
女士坐姿

男士坐姿

3. 蹲姿

在茶馆服务中，茶艺服务人员下蹲拾物时，或给宾客奉茶时，蹲姿要优美，常见蹲姿有两种。

交叉式蹲姿：下蹲时，右脚在前，左脚在后，右小腿垂直于地面，全脚着地；左腿在后与右腿交叉重叠，左膝由后面伸向右侧，左脚跟抬起，脚掌着地；两腿前后靠紧，合力支撑身体；臀部向下，上身稍前倾。当然，左右脚也可以互换。这种蹲姿一般不适合男士。

高低式蹲姿：下蹲时，左脚在后，右脚在前（不重叠），两腿靠紧向下蹲；右脚全脚着地，左脚脚跟提起，脚掌着地；左膝低于右膝，形成双膝一高一低的姿态，臀部向下，基本上以左腿支撑身体。反之亦然。

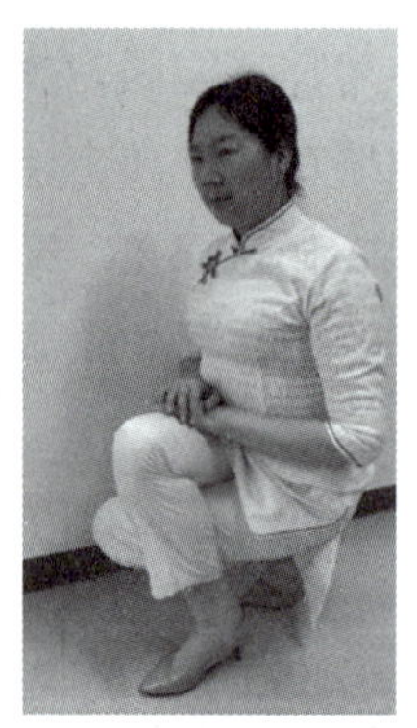

交叉式蹲姿

高低式蹲姿

4. 走姿

行云流水般的轻盈走姿可以体现茶艺服务人员的温柔端庄、大方得体。款款轻盈的步态，给宾客以动态美。

走姿要领。行走时，下颌微收，目光平视，面带微笑；肩部放松，双臂自然前后摆动；上身正直，不可摇摆扭动，以保持平衡；

行走时身体重心稍向前倾，行走线迹为直线，切忌走外八字或内八字。若是女士，步幅在 23 厘米左右为宜；若是男士，步幅在 28 厘米左右为宜。

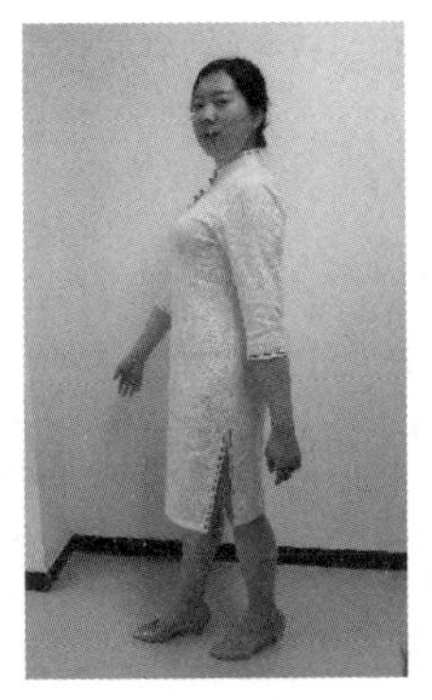

女士走姿

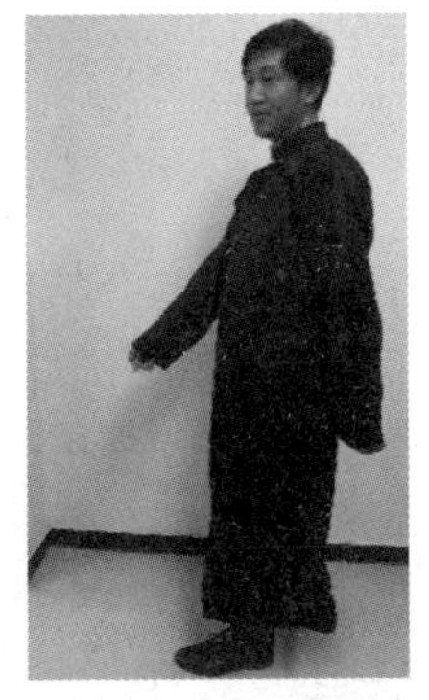

男士走姿

行走时，应掌握正确优美的转身法。当走到宾客面前时，应稍倾身向宾客微笑致意，上前完成各种冲泡动作。点单结束或奉茶后离开时，面对宾客，应先后退两步再转身离去，以表示对宾客的恭敬。

学习单元二　接待服务

一、服务语言

茶艺服务人员在与宾客交流中要讲究语言艺术，做到谈吐文雅、语调轻柔、语气亲切、态度诚恳。

1. 语言规范

语言规范是语言美的最基本的要求，茶艺服务人员要做到语言亲切、音量适中、音调简洁清晰，体现出主动、热情、周到、谦虚的态度。如恰当使用基本礼貌用语："请""谢谢""您好""对不起""再见"。

2. 语言艺术

（1）语言准确、吐字清晰、用语得当

不可"含糊其辞"，也不可"夸大其辞"。在与宾客交流的过程中，茶艺服务人员要注意平视宾客，用眼神来交流，以增强语言交流的效果。

（2）使用恰当的称呼用语

对成年男子称"先生"，对未婚或不明婚姻情况的女子称"女

士”。对尊长、同辈的称呼可用“您”“您老”“您老人家”等尊称。在比较正式的场合，也可用老师、医生等职业称谓。

（3）待客有“五声”，待客用“敬语”

待客“五声”是指宾客到来时有问候声，落座后有招呼声，得到协助和表扬时有致谢声，麻烦宾客或工作中有失误时有致歉声，宾客离开时有道别声；“敬语”包含尊敬语、谦让语和郑重语。根据不同服务对象，运用不同的服务敬语。

（4）杜绝“四语”

“四语”即不尊重宾客的蔑视语，缺乏耐心的烦躁语，不文明的口头语，自以为是或刁难他人的斗气语，如“喂”“不行”“不知道”等。

（5）使用感谢语

感谢宾客时，使用感谢语，如“谢谢”“感谢您的提醒”等。道谢时，应注视对方，面带微笑，目光诚恳。

（6）使用道别语

在宾客离别时，应使用道别语，如“再见”“欢迎再次光临”“感谢您的光临”等。

二、接待礼仪与技巧

为了烘托茶艺馆温馨的气氛，茶艺服务人员在为宾客提供良好服务的同时，接待的礼仪与技巧就显得尤为重要。

1. 接待礼仪（见表 1-1）

表 1-1　接待礼仪

礼仪	具体内容
寓意礼	◎ 壶嘴不能对准宾客 ◎ 斟茶限七分，暗寓“七分茶三分情”之意 ◎ 茶巾折口不能对准宾客 ◎ 凤凰三点头：右手提水壶高冲低斟反复三次，寓意向宾客鞠躬三次 ◎ 双手内旋：右手按逆时针方向、左手按顺时针方向动作，类似于招呼手势，表示欢迎
鞠躬礼	◎ 分为站式、坐式、蹲式，站式鞠躬礼最常用 ◎ 鞠躬礼要领：右手在上，左手在下，双手虎口交握于小腹前，上半身平直向前倾斜 ◎ 倾斜弧度一般在 15° ~ 30°，倾斜到位后略作停顿，停顿时间一般为 1 ~ 2 秒，再缓缓直起上身，面带微笑
伸手礼	◎ 表示“请”“谢谢” ◎ 男士四指并拢，虎口稍分开，拇指向外与食指成 45°，手心向上 ◎ 女士中指略向上翘起，其余三指平衡，拇指向内与食指成 45°，手掌略向内凹，掌心向上

2. 接待技巧

（1）上岗前，做好仪表、仪容的自我检查，做到仪表整洁、仪容端正。

（2）上岗后，做到精神饱满、面带微笑、思想集中，随时准备接待每一位宾客。

（3）当宾客进入茶艺馆时要笑脸相迎，并致以亲切的问候，使宾客心情舒畅，同时将宾客引领到座位上。

（4）恭敬地向宾客递上清洁的茶单，耐心地等待宾客的吩咐，仔细地听清、完整地记牢宾客提出的各项具体要求，必要时可向其复述一遍，以免出现差错。

（5）留意宾客的细微要求，如“茶叶用量的多少”等问题，尊重宾客的意见，严格按宾客的要求去做。

（6）当宾客对饮用什么茶或选用什么茶食拿不定主意时，可热情礼貌地向其推荐，使宾客感受到周到的服务。

（7）在为宾客泡茶时，要讲究操作举止的文雅、态度的认真和茶具的清洁，举止不能随便、敷衍了事。

（8）在服务中，如需与宾客进行交谈，要注意适时、适量、适度，不能忘乎所以，要耐心倾听，不可与宾客争辩。

（9）工作中，要注意站立的姿势和位置，不要趴在茶台上或和其他服务员聊天。

（10）宾客之间谈话时，不要侧耳细听；在宾客低声交谈时，应主动回避。

（11）宾客有事招呼时，不要慌张地跑步上前，也不要漫不经心。

（12）宾客示意结账时，要双手递上放在托盘里的账单，请宾客查核款项有无出入。

（13）宾客赠送小费时，要婉言拒绝，自觉遵守纪律。

（14）宾客离去时，要热情相送，表示欢迎他们再次光临。

模块二 茶叶基础知识

学习单元一　各大茶类介绍

一、绿茶

1. 品质特征

绿茶的茶叶颜色是绿色，泡出来的茶汤呈绿黄色，因此称为绿茶。

品质特征

※ 颜色：碧绿、翠绿或黄绿，久置或与热空气接触易变色。

※ 原料：嫩芽、嫩叶，不适合久置。

※ 香味：清新的绿豆香，味清淡微苦。

※ 性质：富含叶绿素和维生素C，茶性较寒凉，咖啡碱、茶碱含量较多，较易刺激神经。

2. 制作工序

绿茶属于不发酵茶（发酵度：0），制作时不经过发酵，干茶、汤色、叶底均呈绿色，接近茶的原始风味。绿茶以茶树的新鲜芽叶作为原料，经杀青、揉捻、干燥三道工序制作而成。当然，具体到每一种茶叶，根据其品质特点不同制作工序也有所不同。

龙井的制作工序如下：

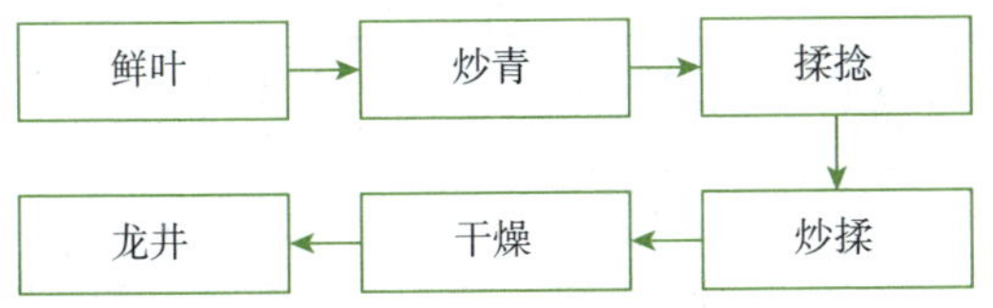

眉茶、珠茶的制作工序如下：

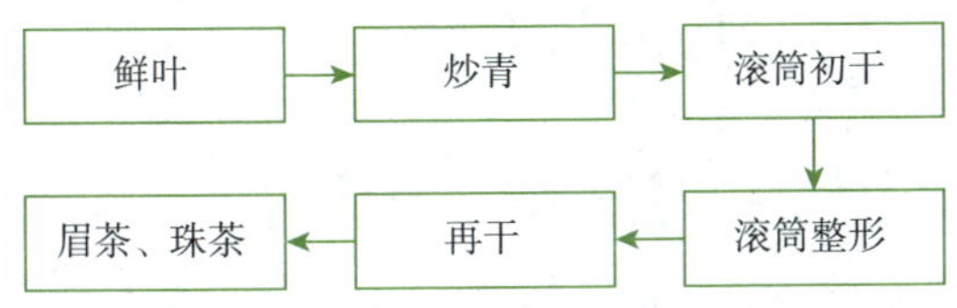

煎茶的制作工序如下：

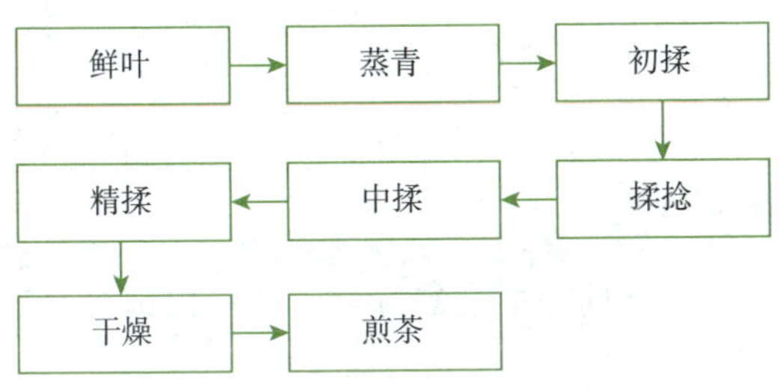

3. 分类

绿茶根据杀青方法和最终干燥方式的不同，分为炒青绿茶、烘青绿茶、晒青绿茶和蒸青绿茶四类。以蒸汽杀青方式制成的绿茶被称为蒸青绿茶，其他三种都是以锅炒加热杀青，杀青以后炒干的称炒青绿茶，烘干的称烘青绿茶，晒干的称晒青绿茶。

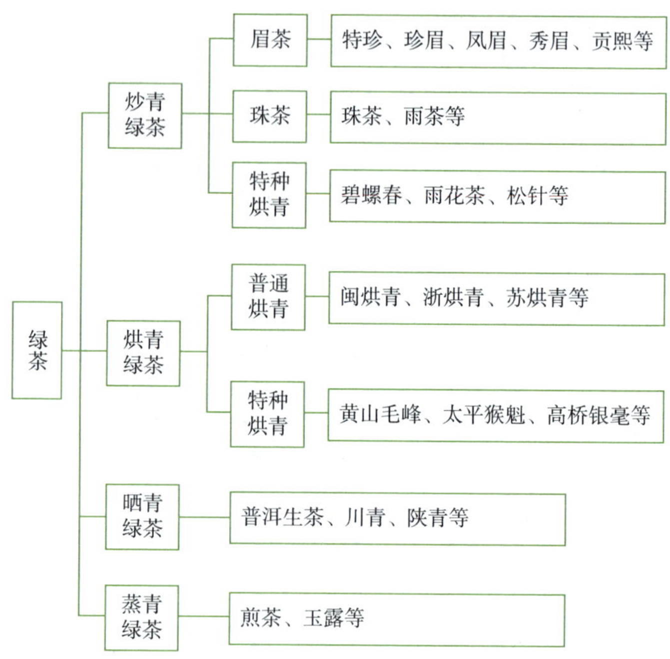

4. 名品绿茶介绍

不同产地的绿茶具有不同的特点，现列出部分具有代表性的名品绿茶进行介绍，具体见表 2–1。

表 2–1　不同品类绿茶介绍

茶名	产地	特点
西湖龙井	浙江杭州西湖龙井村	◎ 外形扁平，光滑挺直 ◎ 色泽翠绿或嫩绿 ◎ 香气清高持久，滋味鲜爽甘醇，有新鲜橄榄的回味 ◎ 汤色碧绿明亮

续表

茶名	产地	特点
老竹大方	安徽歙县	◎ 外形似竹叶，扁平匀整，挺直肥壮 ◎ 色泽黄绿微褐 ◎ 香气浓烈带熟栗子香，滋味浓而爽口 ◎ 汤色微黄清澈，叶底黄绿明亮，肥嫩柔软多芽
洞庭碧螺春	江苏苏州太湖洞庭东西山	◎ 外形纤细，卷曲成螺，茸毫密布 ◎ 色泽银绿隐翠 ◎ 香气鲜嫩带花果香，滋味鲜爽回甘 ◎ 汤色碧绿清澈，叶底细嫩明亮
都匀毛尖	贵州都匀	◎ 外形条索紧结，纤细卷曲，披白毫 ◎ 色泽嫩绿带黄 ◎ 香气清高，滋味鲜浓 ◎ 汤色嫩绿微黄，叶底匀整明亮
黄山毛峰	安徽黄山	◎ 外形细嫩卷曲，有锋毫，形似雀舌 ◎ 色如象牙，鱼叶金黄 ◎ 香气清香，带花香，滋味鲜醇甘爽 ◎ 汤色清澈明亮，叶底嫩黄鲜亮
太平猴魁	安徽黄山	◎ 外形挺直壮实，两叶抱一芽 ◎ 色泽苍绿匀润，茸毫披露 ◎ 香气幽香持久，滋味鲜醇爽口 ◎ 汤色碧绿清澈，叶底肥壮成朵，嫩绿鲜亮
信阳毛尖	河南信阳	◎ 外形呈直条形，细、圆、紧、直，显白毫 ◎ 色泽翠绿 ◎ 香气清高，滋味醇厚而甘 ◎ 汤色嫩绿微黄，叶底嫩绿匀整

续表

茶名	产地	特点
六安瓜片	安徽六安	◎ 外形为瓜子形，单片自然平展，叶缘微翘 ◎ 色泽深绿带灰霜 ◎ 香气清香高爽，滋味鲜爽回甘 ◎ 汤色嫩绿清澈，叶底厚实明亮
恩施玉露	湖北恩施	◎ 外形条索细紧挺直，形如松针 ◎ 色泽苍翠绿润 ◎ 香气清香持久，滋味醇和甘甜 ◎ 汤色碧绿明亮，叶底嫩绿匀整

龙井茶的故事

二、白茶

1. 品质特征

白茶是条状的白色茶叶，泡出来的茶汤呈象牙色或橙黄色；因白茶是由茶树的嫩芽制成，细嫩的芽叶上布满细小的白毫，白茶因此而得名。

品质特征

※ 颜色：色白隐绿，干茶外表满披白色茸毛。

※ 原料：由福鼎大白茶种的壮芽或嫩芽制成，大多呈针形或长片形。

※ 香味：汤色浅淡，味清鲜爽口、甘醇，香气弱。

※ 性质：寒凉，有退热祛暑的作用。

2. 制作工序

白茶属于部分发酵茶（发酵度：10%），起源于福建，有着不炒不揉、日晒而成的独特制作工艺，一般分为萎凋和干燥两道工序，而其关键在于萎凋。

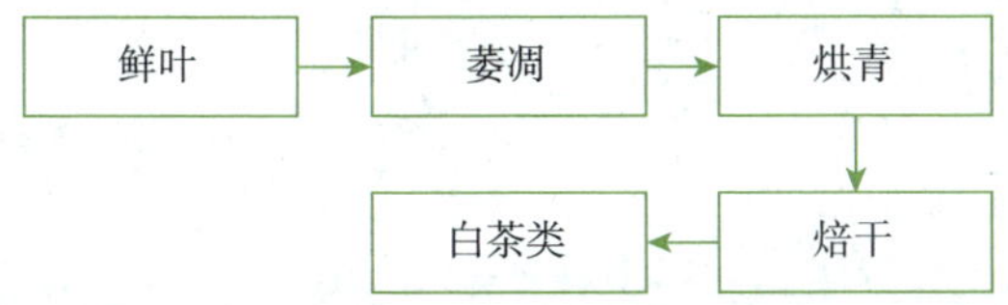

3. 分类

白茶主要按采摘标准划分，可分为白芽茶和白叶茶两种，白芽茶就是广为人知的白毫银针，而白叶茶则包括白牡丹、贡眉和寿眉三个等级的茶叶。其中白毫银针又分为南路银针和北路银针。白叶茶又有小白、大白、水仙白等茶类。

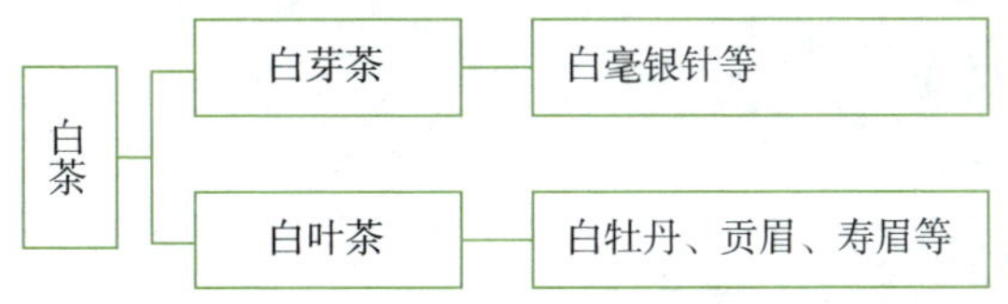

4. 名品白茶介绍

白茶主要产于福建福鼎、政和等地，不同的白茶具有不同的特点，现列出部分具有代表性的名品白茶进行介绍，具体见表 2–2。

表 2–2　不同品类白茶介绍

茶名	产地	特点
白毫银针	福建福鼎、政和	◎ 外形挺直如针，身披白毫，色白如银 ◎ 色泽银灰，有光泽 ◎ 香气芬芳，滋味醇厚爽口 ◎ 汤色呈浅杏黄色
白牡丹	福建政和、建阳、松溪	◎ 外形不成条索，芽叶连枝，似枯萎的花朵 ◎ 色泽灰绿或呈暗青苔色 ◎ 香气清鲜，滋味清纯微甜 ◎ 汤色橙黄，清澈明亮，叶底匀整，呈浅灰绿色，叶脉微红
贡眉	福建建阳、建瓯	◎ 外形芽心较小，毫心明显，茸毫色白 ◎ 色泽鲜艳，呈墨绿色 ◎ 香气鲜纯，滋味清甜 ◎ 汤色黄亮，叶底匀整鲜亮

扫码看视频

白毫银针的传说

三、黄茶

1. 品质特征

黄茶是一种发酵度不高的茶类，具有黄汤、黄叶的特点，如君山银针、蒙顶黄芽、霍山黄芽等。

品质特征

※ 颜色：黄叶、黄汤。
※ 原料：带有茸毛的芽头，用芽或芽叶制成。
※ 香味：香气清纯，滋味甜爽。
※ 性质：凉性，产量较少，是珍贵的茶叶。

2. 制作工序

黄茶是一种轻微发酵茶（发酵度：10%），加工工艺类似绿茶，在制作过程中增加了闷黄工艺，促使其多酚类物质、叶绿素等物质部分氧化。

3. 分类

黄茶是根据鲜叶的老嫩和大小进行分类的，一般分为黄芽茶、黄小茶和黄大茶三类。

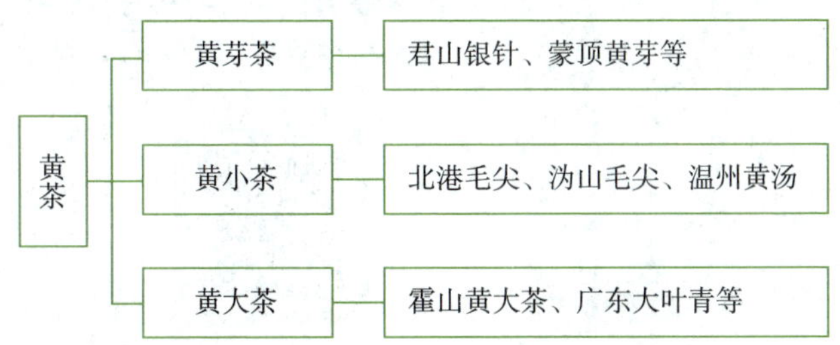

4. 名品黄茶介绍

不同的黄茶具有不同的特点，现列出部分具有代表性的名品黄茶进行介绍，具体见表 2–3。

表 2–3　不同品类黄茶介绍

茶名	产地	特点
君山银针	湖南岳阳洞庭湖君山	◎ 外形挺直肥壮，满披茸毛 ◎ 色泽金黄光亮 ◎ 香气鲜嫩清纯，滋味甜爽 ◎ 汤色浅黄明亮，叶底嫩黄鲜亮
蒙顶黄芽	四川蒙山	◎ 外形芽叶整齐，形状扁直，肥嫩多毫 ◎ 色泽金黄 ◎ 香气浓郁，味甘而醇 ◎ 汤色嫩黄，叶底匀整，嫩黄明亮
霍山黄芽	安徽霍山	◎ 外形芽叶细嫩多毫 ◎ 色泽黄绿 ◎ 香气鲜爽带熟板栗香，滋味醇厚回甘 ◎ 汤色黄绿清亮，叶底微黄明亮
北港毛尖	湖南岳阳北港	◎ 外形条索紧结卷曲，白毫显露 ◎ 色泽金黄 ◎ 香气清高，滋味醇厚 ◎ 汤色杏黄明澈，叶底肥嫩黄明
沩山毛尖	湖南宁乡大沩山	◎ 外形叶边微卷、呈片状，白毫显露 ◎ 色泽黄亮光润 ◎ 有浓厚的松烟香，滋味醇甜爽口 ◎ 汤色橙黄明亮，叶底肥厚黄亮

扫码看视频

君山银针的传说

四、青茶

1. 品质特征

青茶俗称乌龙茶，其种类繁多，茶叶颜色是深绿色或青褐色，泡出来的茶汤是蜜绿色或蜜黄色。

品质特征

※ 颜色：深绿、青褐。

※ 原料：两叶一芽，树叶连理，大多是对口叶，芽叶已成熟。

※ 香味：花香果味，从清新的花香、果香到熟果香都有，滋味醇厚回甘，略带微苦亦能回甘。

※ 性质：温凉，略具叶绿素、维生素 C，茶碱、咖啡碱含量约 3%。

2. 制作工序

青茶属于半发酵茶（发酵度：10% ～ 70%），源于福建，是以适宜的茶树新芽叶为原料，经过采摘、晒青、摇青、炒青、揉捻、烘焙等复杂工序制作出来的品质优异的茶类。

乌龙茶的制作工序如下：

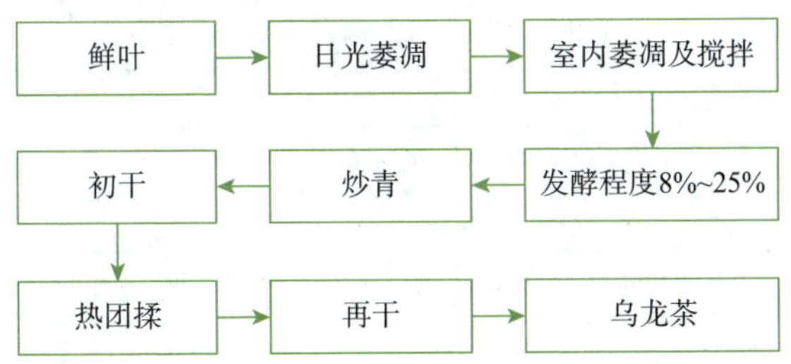

铁观音的制作工序如下：

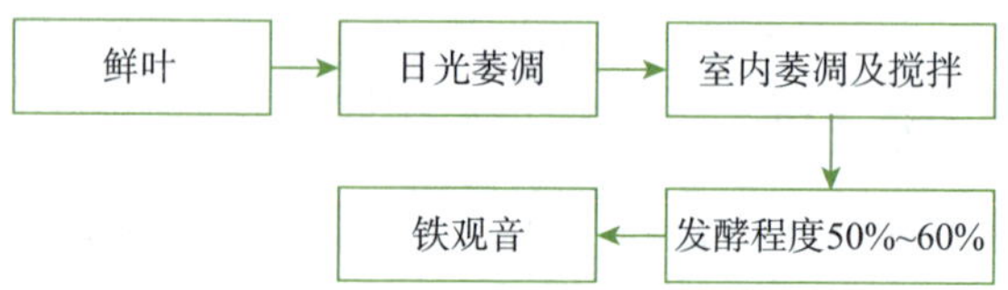

白毫乌龙的制作工序如下：

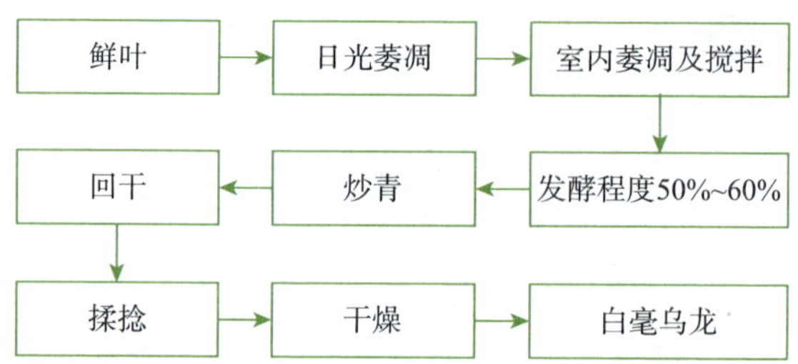

3. 分类

青茶主要产于福建、广东及台湾地区，并根据产地分为闽南乌龙、闽北乌龙、广东乌龙、台湾乌龙四大系列，构成一个香型丰富、茶韵独特的茶叶类别。

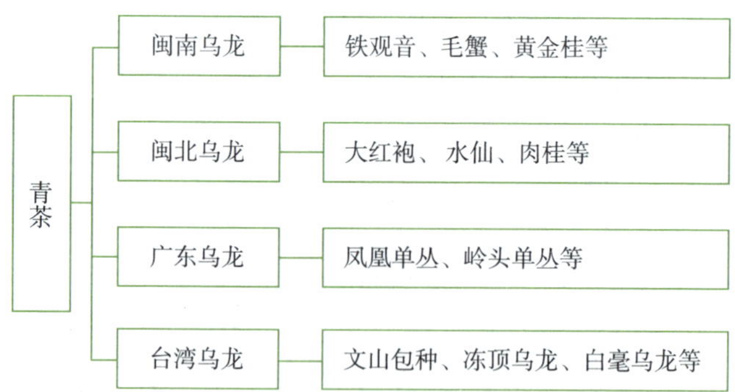

4. 名品青茶介绍

青茶因茶树品种和产地的不同，茶品的风味品质也各不相同。现列出部分具有代表性的名品青茶进行介绍，其具体特点见表 2–4。

表 2–4 不同品类青茶介绍

茶名	产地	品质特征
安溪铁观音	福建安溪	◎ 外形紧结卷曲，条索肥壮 ◎ 色泽砂绿油润 ◎ 香气馥郁持久，滋味醇厚，鲜爽回甘 ◎ 汤色金黄，清澈明亮，叶底肥厚明亮，红边明显
毛蟹	福建安溪	◎ 外形紧结，稍显白毫 ◎ 色泽黄绿带褐 ◎ 香气清爽，略带茉莉花香，滋味清纯微厚 ◎ 汤色橙黄或金黄，叶底叶张圆小，叶缘锯齿深、密、锐
黄金桂	福建安溪	◎ 外形细长且卷曲 ◎ 色泽润亮金黄 ◎ 香气有桂花香，滋味清纯鲜爽 ◎ 汤色金黄，叶底黄绿，边缘朱红，柔软明亮
大红袍	福建武夷山	◎ 外形条索紧结壮实 ◎ 色泽绿褐油润 ◎ 香气馥郁有兰花香，清远而持久，滋味醇厚回甘 ◎ 汤色橙黄明亮，叶底红绿相间
闽北水仙	福建建瓯、建阳	◎ 外形条索紧结重实，叶端扭曲 ◎ 色泽油润带砂绿 ◎ 香气浓郁，滋味醇厚回甘 ◎ 汤色橙黄，叶底肥厚黄亮，红边鲜艳

续表

茶名	产地	品质特征
武夷岩茶	福建武夷山	◎ 外形肥壮紧结，叶端稍扭曲 ◎ 色泽绿褐油润或青褐泛黄 ◎ 香气浓郁清长，滋味醇厚，鲜爽回甘，独具特殊的“岩韵” ◎ 汤色橙红，清澈艳丽，叶底肥厚黄亮，绿叶红边
凤凰单丛	广东潮州	◎ 外形条索粗壮，匀整挺直 ◎ 色泽油润，呈黄褐色或绿褐色 ◎ 香型因茶树树形、叶形的不同而各有差异，有桂花香、兰花香、栀子花香、蜜香、杏仁香、柚花香等多种香型，滋味也因茶树类型不同，其韵味及回甘度也有区别 ◎ 汤色橙黄，清澈明亮，叶底油亮，软柔
包种茶	台湾	◎ 外形呈直条形 ◎ 色泽翠绿，带有灰霜 ◎ 香气具有浓郁的兰花清香，滋味醇滑甘润 ◎ 汤色清澈黄绿，叶底绿翠
冻顶乌龙	台湾	◎ 外形为半球形 ◎ 色泽青绿，略带白毫 ◎ 香气具有兰花香，滋味甘甜爽口 ◎ 汤色金黄中带绿意，叶底翠绿，略有红边
白毫乌龙	台湾	◎ 外形肥壮，显白毫，茶条较短 ◎ 色泽呈红、黄、白三色 ◎ 香气有天然的花果香，滋味醇滑甘爽 ◎ 汤色呈鲜艳的橙红色，叶底红褐带红边，叶基部呈淡绿色，芽叶完整

铁观音的传说

大红袍的传说

五、红茶

1. 品质特征

红茶通常是碎片状，但条形的红茶也不少。红茶的茶叶颜色是深红色，泡出来的茶汤呈朱红色，所以叫红茶。

品质特征

※ 颜色：暗红。

※ 原料：大叶、中叶、小叶都有，一般是碎形和条形。

※ 香味：麦芽糖香、焦糖香，滋味浓厚略带涩味。

※ 性质：温和，不含叶绿素、维生素 C，因咖啡碱、茶碱含量较少，兴奋神经效能较低。

2. 制作工序

红茶属于全发酵茶（发酵度：100%），是以适宜的茶树新芽叶为原料，经萎凋、揉捻（切）、发酵、干燥等一系列工艺过程精制而成的茶类。不同红茶的初制工序相似，但具体操作又有许多不同。

切青红茶的制作工序如下：

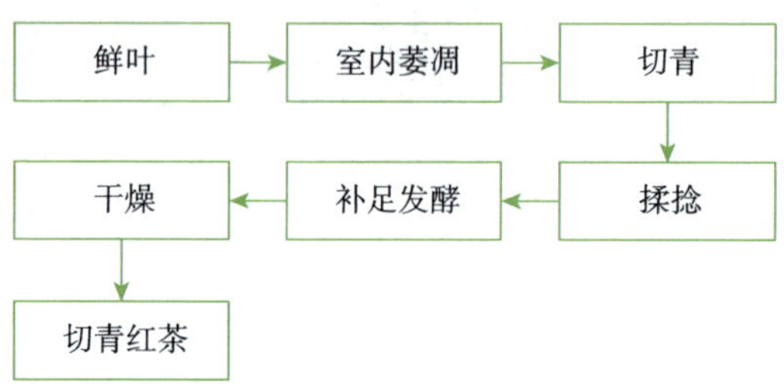

工夫红茶的制作工序如下：

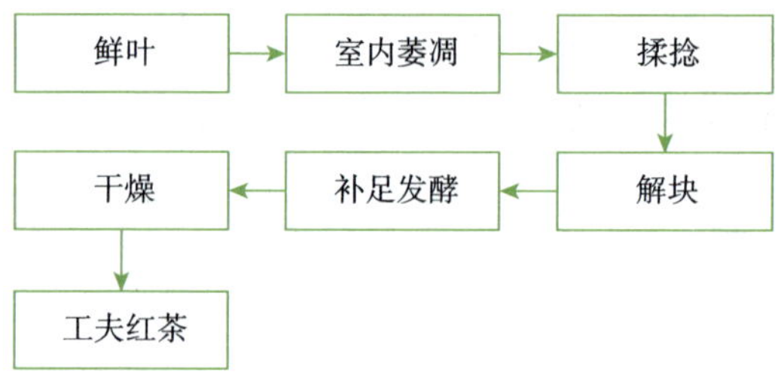

碎红茶的制作工序如下：

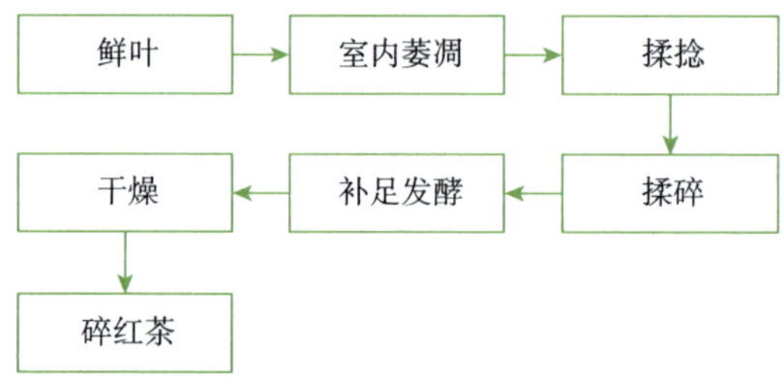

分级红茶的制作工序如下：

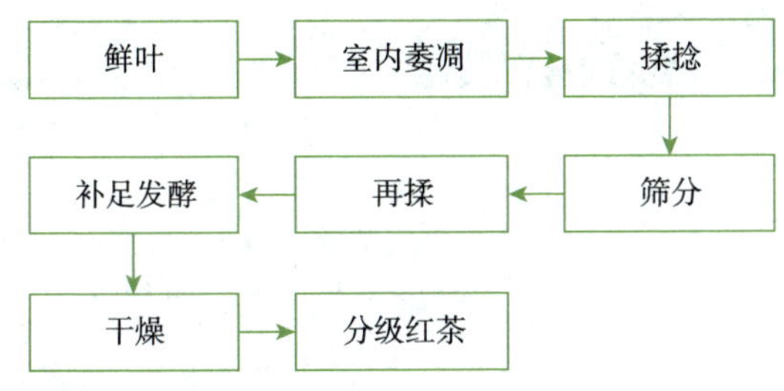

3. 分类

红茶根据制作工序不同，可分为小种红茶、工夫红茶和红碎茶。

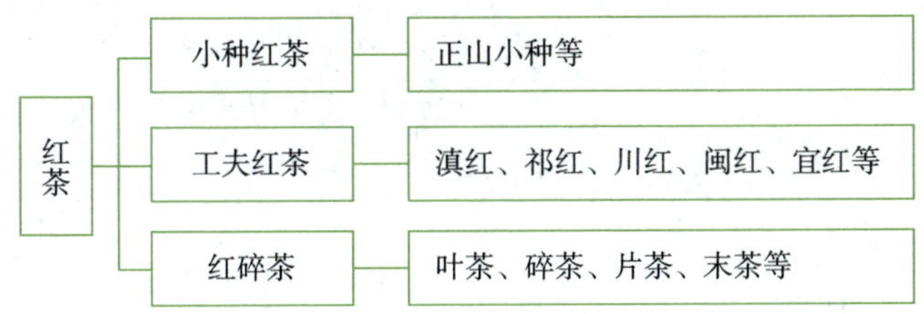

4. 名品红茶介绍

不同的红茶具有不同的特点，现列出部分具有代表性的名品红茶进行介绍，具体见表 2–5。

表 2–5 不同品类红茶介绍

茶名	产地	特点
正山小种	福建武夷山	◎ 外形条索肥壮重实 ◎ 色泽乌润有光 ◎ 香气高长带松烟香，滋味醇厚带桂圆味 ◎ 汤色红亮，叶底厚实，呈古铜色

续表

茶名	产地	特点
滇红	云南临沧	◎ 外形条索肥壮紧结，重实匀整 ◎ 色泽乌润带红褐 ◎ 香气浓郁，略带有花香，滋味醇厚 ◎ 汤色红艳，叶底肥厚红亮
祁红	安徽祁门	◎ 外形条索细紧、挺直，嫩毫显露 ◎ 色泽乌润有光 ◎ 香气带有蜜糖香，滋味香醇嫩甜 ◎ 汤色红艳，叶底鲜红嫩软
红碎茶	云南、广东、广西	◎ 外形为短细的碎片或颗粒 ◎ 色泽乌黑油润 ◎ 香气鲜浓，滋味浓强鲜爽 ◎ 汤色红浓，叶底红匀

六、黑茶

1. 品质特征

黑茶是我国特有的茶类，主要用来制作紧压茶供应边疆地区，只有少量用来出口。由于黑茶所选用的原料粗老，在制造过程中堆积发酵时间较长，所以黑茶汤色呈橙黄或褐色，虽称之为黑茶，但茶汤不呈黑色。

品质特征

※ 颜色：青褐色，汤色橙黄或褐色。

※ 原料：花色、品种丰富，大叶种等茶树的粗老梗叶或鲜叶经后发酵制成。

※ 香味：具陈香，滋味醇厚回甘。

※ 性质：温和，属后发酵茶，可存放较久时间，耐泡耐煮。

2. 制作工序

黑茶属于后发酵茶（随时间的不同，其发酵程度会变化），其原理是通过抑制茶叶自身酶的活性，促进微生物产生的酶进行发酵。黑茶经杀青、揉捻、渥堆、干燥等工序制作而成。

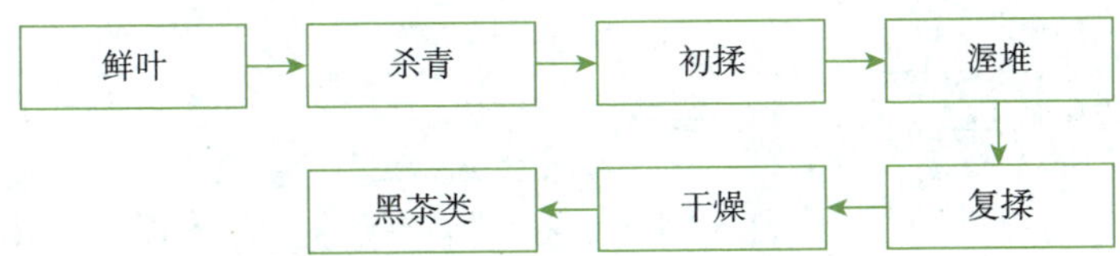

3. 分类

黑茶按照地域分布，主要品种为湖南黑茶、湖北老青茶、四川边茶、云南普洱茶、广西六堡茶等。

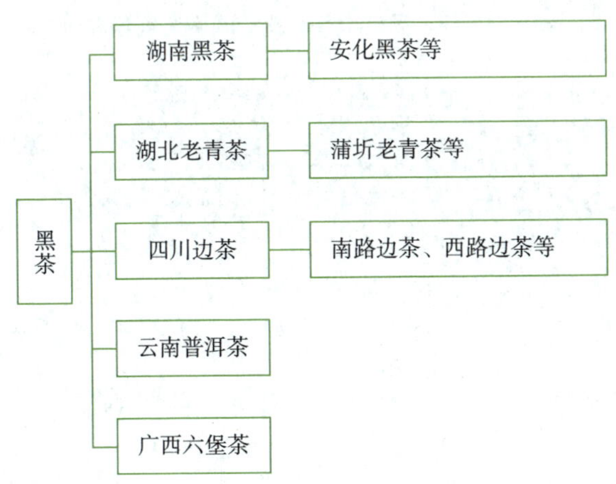

4. 名品黑茶介绍

不同的黑茶具有不同的特点，现列出部分具有代表性的名品黑茶进行介绍，具体见表 2–6。

表 2–6 不同品类黑茶介绍

茶名	产地	特点
普洱茶（生茶）	云南普洱、西双版纳、昆明	◎ 外形条索肥硕壮实 ◎ 色泽墨绿 ◎ 香气清纯持久，滋味浓厚回甘 ◎ 汤色黄绿清亮，叶底肥嫩黄绿
普洱茶（熟茶）	云南普洱、西双版纳、昆明	◎ 外形条索肥硕壮实 ◎ 色泽乌褐或褐红 ◎ 有独特的陈香气，滋味醇厚甘甜 ◎ 汤色红浓深厚，叶底肥嫩，呈红褐色
茯砖茶	陕西泾阳、湖南益阳	◎ 外形为砖块形 ◎ 根据原料老嫩度不同，分为特制茯砖和普通茯砖，特制茯砖为黑褐色，普通茯砖为黄褐色 ◎ 香气醇正带金花香，特制茯砖滋味醇厚，普通茯砖滋味醇和微浓 ◎ 汤色橙黄明亮，叶底黑褐粗老
沱茶	云南	◎ 形状为碗臼形，外形紧结，白毫显露 ◎ 色泽褐红 ◎ 香气馥郁，滋味醇浓 ◎ 汤色橙黄明亮，叶底嫩匀黄亮
康砖茶	四川	◎ 外形为枕形 ◎ 色泽为棕褐色 ◎ 康砖茶香气醇正，滋味醇和；金尖茶香气平和，滋味醇厚 ◎ 康砖茶汤色橙红，叶底花杂较粗；金尖茶汤色橙红稍浅，叶底粗老暗褐
金尖茶		

续表

茶名	产地	特点
青砖茶	湖北、湖南	◎ 外形为砖块形 ◎ 色泽青褐 ◎ 香气纯正，滋味香浓，无青涩味 ◎ 汤色橙黄，叶底粗老暗褐

七、再加工茶

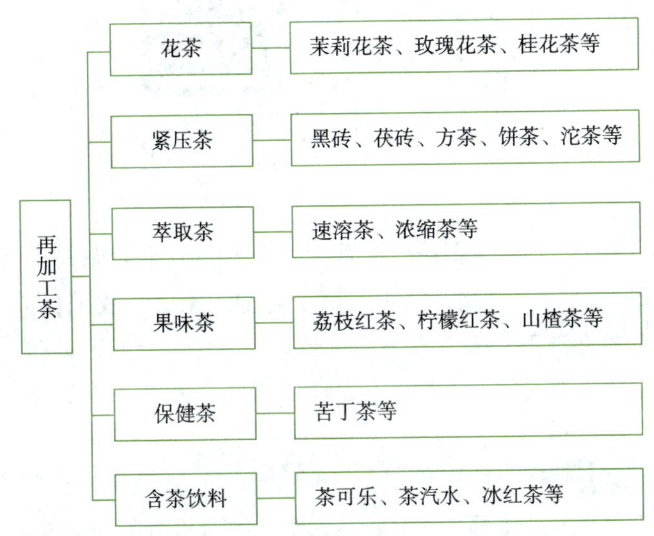

1. 花茶

花茶是将茶叶加花窨烘而成（发酵度视茶类而异）。花茶富有花香，以窨制所用花种命名，又名“窨花茶”“香片”等，饮用花茶既有茶味，又有花的芬芳，是一种再加工茶叶。

品质特征

※ 颜色：视茶类不同而有所区别，但都会有少许花瓣存在。

※ 原料：以茶叶加花窨制而成，茉莉花、玫瑰花、桂花、黄枝花、兰花等，都可加入各类茶中窨成花茶。

※ 香味：浓郁花香和茶味。

※ 性质：凉温都有，另有花的滋味。

扫码看视频

茉莉花茶的传说

2. 紧压茶

紧压茶以红茶、绿茶、青茶、黑茶等的毛茶为原料，经加工、蒸压成形而制成。因此，紧压茶属于再加工茶类。我国目前生产的紧压茶主要有沱茶、普洱方茶、竹筒茶、米砖、花砖、黑砖、茯砖、青砖、康砖、金尖茶、方包茶、湘尖、紧茶、圆茶、饼茶等。

品质特征

※ 颜色：大多是暗褐色，又以不同种茶类为原料而有所不同，茶汤为深红色。

※ 原料：各种茶类的毛茶都可为原料，属于再加工茶。

※ 香味：沉稳、厚重。

※ 性质：现代紧压茶与古代的团茶、饼茶在原料上有所不同，古代是采摘茶树鲜叶经蒸青、磨碎、压模成形后再使之干燥而制成的；现代紧压茶是以毛茶再加工，蒸压成形而成。

3. 萃取茶

萃取茶是以成品茶或半成品茶为原料，用热水萃取茶叶中的可溶物，过滤弃去茶渣获得茶汁，经浓缩或不浓缩，干燥或不干燥，制备而成的固态或液态茶，统称萃取茶。萃取茶主要有罐装饮料茶、浓缩茶和速溶茶三类。

4. 果味茶

果味茶是茶叶半成品或成品中加入果汁后制成的各种含有果味的茶。这类茶既有茶味，又有果香味，风味独特。我国生产的果味茶主要有荔枝红茶、柠檬红茶、山楂茶等。

5. 保健茶

保健茶是指用茶叶和某些中草药或食品拼合调配后制成的各种保健茶。茶叶本来就有营养保健作用，经过调配，更加强了它的某些保健功效。保健茶种类繁多，功效也各不相同。

6. 含茶饮料

含茶饮料是在饮料中添加各种茶汁而研发出来的新型饮料，如茶可乐、茶汽水等。

八、非茶之茶

非茶之茶是指使用茶树之外的其他植物的花、果、叶、种、根茎等泡制的饮料。其实，这些植物与茶没有一点亲缘关系，是完全不同的植物种属，只是人们习惯上把与茶一样泡饮的制品都称为“茶”。例如，常见的非茶之茶有人参茶、杜仲茶、胖大海茶、菊花茶、桂花茶、桑芽茶、苦荞茶、点心茶、锅巴茶、水果茶、香草茶等。

此外，还有一种情况，就是将茶叶与其他植物的茎叶或花调配成饮品。这类茶品，往往根据配料与加工制作方式，列入再加工茶的类别，如人参乌龙茶、金银花茶等。

学习单元二 中国饮茶风俗

茶俗是在长期社会生活中，逐渐形成的以茶为主题或以茶为媒介的风俗、习惯和礼仪，是一定社会政治、经济、文化下的产物，随着社会形态的演变而变化。茶俗是民俗重要的组成部分之一，又与民俗中的其他事项有着千丝万缕的联系。

从不同角度出发，茶俗有不同的类型呈现。一般来说，可以按不同时期、不同阶层、不同文化等形式划分。

一、不同时期的茶俗

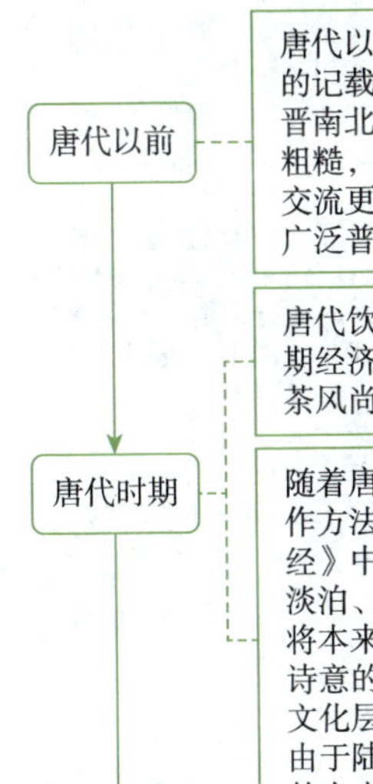

唐代以前，文献中就有关于茶饮的相关风俗，如汉代开始有饮茶的记载，汉代的南方，尤其是在西南地区，饮茶已成为风尚。魏晋南北朝时期关于饮茶风俗的记载逐渐增多，但茶饮比较简单和粗糙，茶俗文化处于初级阶段。隋代统一全国后，南北经济文化交流更加便利，饮茶风尚在北方进一步传播，为唐代饮茶风气的广泛普及打下了基础。

唐代饮茶风气的兴盛是中国茶叶生产和品饮发展的必然。唐代时期经济的发展、消费的普及促进了茶业的兴旺，同时也促进了饮茶风尚的流行。

随着唐代茶学家陆羽的《茶经》问世，人们对茶文化的源流、制作方法、茶具设置、烹饮艺术日益重视并讲究起来。陆羽在《茶经》中就饮茶理论和方法加以深化提高，使饮茶者通过品饮达到淡泊、宁静、超脱和心灵上的愉悦，进入一种更高的精神境界；将本来只是日常生活中的普通饮茶行为，提升为一种充满情趣和诗意的文化现象；使茶道达到澄心静虑、畅心怡神的深层美学和文化层次；使茶饮活动具有丰盈的美学趣味和深厚的文化内涵。由于陆羽的倡导，社会各阶层对茶有了进一步的认识，喜欢饮茶的人也越来越多。

宋辽金元时期

宋代是一个饮茶之风盛行的朝代，饮茶成为人们日常生活中不可缺少的一部分。宋代饮茶，一方面是市井日常生活的世俗情趣，另一方面是文士追求的精致雅趣。宋代创新了一些新的饮茶方式，如斗茶、分茶，重在玩其味，是带有趣味性的活动。

辽是契丹人建立的王朝，契丹人长期保持着游牧民族的生活方式，多食乳肉，而乏菜蔬，饮茶可以帮助消化，又可清热解毒，于是渐渐有了饮茶习俗，到后来发展成“一日不可无茶”的地步。辽人待客，是“先汤后茶”，汤用中药甘草煎制，团茶则用锯锯碎，用银壶或铜壶直接煨于炉口之上煮饮。由于地处北方，人们以牛羊肉食为主，故爱好紧压茶，以便于长途运输和储存。制茶时先将茶叶敲碎，再放入锅内煮饮，有的还加入牛奶、羊奶，制成香浓的奶茶。

饮茶也是金朝各族人民的习俗。饮茶之风在各阶层都很盛行，有些文人以茶代酒，品茶成癖。茶的地位可与酒并驾齐驱，甚至高于酒。女真人的饮茶方式与契丹人相似，也是“先汤后茶”，在饮茶时还配以茶食。茶食富有民族特色，如蜜糕，制作得非常精致，“以松实、胡桃肉渍蜜，和糯粉为之，形或方或圆”。

元代对茶文化的发展起到承上启下的作用，饮茶习俗得以创新与发展，为明清饮茶习俗开辟了新途径。蒙古人最初的饮料为马奶酒，入主中原后，受各方面因素的影响，茶成了蒙古人止渴、消食的饮料，并形成具有蒙古特色的饮茶方式。例如，加入酥油并配加特殊佐料的茶，这类茶有炒茶、兰膏茶和酥签茶等。

明清时期

明清是我国茶俗发展的重要时期，茶逐渐走进了千家万户。明代倡导以散茶代替穷工极巧的饼（团）茶，以沸水冲泡的瀹饮法代替传统的研末而饮的煎饮法，是具有划时代意义的变革。在清代，原有的各具地方特色的茶俗继续流传，新兴的地方茶俗也日益丰富并沿袭至今，如广州的吃早茶，潮汕和闽南地区的工夫茶等。

当代

当代茶业领域迅速拓展，茶文化呈现出前所未有的锐气和活力。茶文化旅游兴起，人们走入茶园，体验采茶乐趣，参与手工炒茶，参观茶馆，了解茶文化历史，观看茶艺演示，品尝各地名茶，体验各地茶俗。

二、不同阶层的茶俗

传统宫廷茶俗

传统宫廷茶俗指的是王公贵族阶层所享有的茶事活动与茶饮习俗，不仅涉及皇家的修身养性，还赋予了安邦治国、君臣教化之道，带有鲜明的阶级特点。饮茶成为宫廷日常生活的一部分，还成为宫廷政治生活的组成部分，在皇家内廷各种场合中占有重要地位。

中国历代帝王大多好茶，历朝历代都建有专属茶院，设有专门的茶房，皇宫内会举办隆重的茶宴，还形成了赐茶、赠茶的制度文化。

古代文士茶俗

中国古代的文人雅士和茶有着不解之缘。文士们提高了饮茶的地位，形成了以“品”为主的饮茶艺术，将这种源于民间的饮料提升为至清至雅之物。文士们对饮茶颇有讲究，崇尚精益求精，为品茗技艺的发展做出了贡献。文士们饮茶，品的不仅是茶，更是茶蕴含着的哲理诗意。文士们离不开茶，饮茶可激发灵感，促深思，助诗兴。文士们爱茶，在文学作品和绘画中多有表现饮茶的内容。

僧道茶俗

茶与佛教关系极为密切，很早就结下因缘，在寺院文化中占有突出的地位。寺院内常开辟茶园，研制名茶，举办茶宴，传播茶文化。茶对禅宗而言，既是养生之物，又是得悟途径，更是修行法门。饮茶成了参禅悟道的重要辅助手段，能延年益寿、祛病除疾。

道教很早就对茶的养生保健功效有了认识，他们将茶当成使人长生不老的仙丹妙药。茶是道士修炼时的重要辅助手段，饮茶有助于习道之人达到虚静玄远的境界。

民间茶俗

民间茶俗是指源于民间，根植于民间，与百姓日常生活息息相关的传承性的茶饮习俗。民间茶俗是平民化的、大众化的饮茶习俗，包括日常家居饮茶、民间迎客茶、民间“吃茶”习俗等。

日常家居饮茶讲究平淡、淳朴、随意、舒心，给人一种清静、放松、透明、自省的享受。民间迎客茶体现了中华民族“热情好客，客来敬茶”的传统美德。民间“吃茶”习俗一方面是指饮用茶汤后将茶叶渣一并吃下，另一方面是指茶中配以佐料的茶饮需连同茶叶、佐料一起吃下，味道醇香爽口，如擂茶、姜盐豆子茶等。

我国地域辽阔，气候相差悬殊，随着季节的变化，各地茶俗也会发生变化，如擂茶，在不同的地域环境、不同的气候条件，加入茶饮中的佐料也会不同。

三、不同文化的茶俗

日常生活茶俗

日常生活中处处离不开茶，人们以茶庆祝喜庆年节，以茶祈求平安。茶是洁净的象征，因此与心意、信仰关系紧密，家中有喜事时，人们往往相聚在一起饮茶庆祝；遭遇不幸时，人们也往往以茶祛晦气、祈平安。例如，“寿礼茶”“满月茶”“上梁茶”“新居茶”“亲家茶”“元宝茶”“送茶料”“启蒙茶”“元宵茶”“七夕茶”“避邪茶”“七宝瓮”等。

人生礼仪茶俗

千百年来，百姓在恋爱、定亲、嫁娶时，始终把茶叶当作媒介物和吉祥美满的信物。例如，以前从定亲到完婚的各个阶段皆以茶命名。女方接受男方聘礼，称为“下茶”或“定茶”，有的称为“受茶”或“吃茶”。江浙一带，把整个婚姻的礼仪统称为“三茶六礼”。“三茶”指的是定亲时的“下茶”，结婚时的“定茶”，同房时的“合茶”。

祭祀茶俗

“以茶为祭”是我国民俗文化的重要组成部分。在我国民间习俗中，茶与祭丧的关系十分密切。在人们的心目中，茶叶是圣洁之物，膜拜神祇、供奉佛祖、追思先人之时，常献上一杯清茶以表达无限敬意，如以茶祭神灵、以茶祭祖、以茶祭丧及祭拜茶神等。

茶馆茶俗

茶馆之风，历经千年而不衰。唐代最早出现“茗铺”，主要供行人与过往商贾歇脚解渴。到宋代，茶馆逐渐兴盛，已具备休闲娱乐、商务交易、会友、信息传播等多种功能。明清市井文化的发展，使茶馆文化更加大众化。近代茶馆的发展则颇为坎坷，由于社会动荡，原本清静的茶馆也变得复杂喧嚣起来。随着社会不断发展，各地茶馆、茶楼又如雨后春笋般兴起，茶客日益增多。人们闲暇时总爱到茶馆泡上一杯茶，细品慢饮，既提神醒脑又悠闲自得。

学习单元三 茶叶鉴别及储存

一、茶叶品质鉴别

确定茶叶品质的高低，一般分为干评外形和湿评内质两个方面，共八项因子，根据这些项目逐一进行品质鉴别。外形包括形状（包括条索、嫩度）、色泽、整碎、净度。内质包括香气、汤色、滋味、叶底。

1. 外形鉴别

条索

条索是指各类干茶具有的一定外形规格，是区别商品茶种和等级的依据。如炒青条形、珠茶圆形、龙井扁形、红碎茶颗粒形等。
一般长条形茶主要鉴别其条索的松紧、弯直、壮瘦、圆扁、轻重；圆形茶主要鉴别其颗粒的松紧、匀正、轻重、空实；扁形茶主要鉴别其条索和平整光滑程度是否符合规格等。

嫩度

嫩度是外形鉴别的重点，也是决定其品质的重要因素。一般嫩度好的茶叶，叶质柔软，容易成条，条索紧结，可溶性物质含量较多，色、香、味品质佳。

色泽

色泽是指茶叶表面的颜色及其深浅程度，以及光线色泽在茶叶表面的反射光亮度。各种茶叶均有其一定的色泽要求，如红茶以乌黑油润为好、绿茶以翠绿光润为好等。

整碎

整碎是指鉴别茶叶的匀整程度，好的茶叶要保持茶叶的自然形态，以匀整为好，断碎为次。精制茶要鉴别筛选分档是否匀称，面张是否平伏。

净度	净度是指茶叶中含夹杂物的程度。净度好的茶叶不含任何夹杂物。

2. 内质鉴别（见表 2–7）

表 2–7 内质鉴别方法与标准

鉴别方法	评定标准
闻香气	◎ 主要比较香气的类型、浓度、纯度、持久性 ◎ 香气纯度是指香气与茶叶应有的香气是否一致，是否夹杂其他异味 ◎ 香气高、持久是好茶，带有烟、焦、酸、馊、霉等气味的是劣质茶
观汤色	◎ 汤色鉴别主要抓住颜色种类与色度、明暗度、清浊度 ◎ 汤色随茶叶品种、鲜叶老嫩、加工方法而变化，但各类茶有其一定的色度要求，如绿茶汤色黄绿明亮、红茶汤色红艳明亮、乌龙茶汤色橙黄明亮、白茶汤色浅黄明亮等
品滋味	◎ 评茶时首先要区别滋味是否纯正 ◎ 纯正的滋味可以分为浓淡、强弱、鲜爽、醇和，好的茶叶浓而鲜爽，刺激性强，或者富有收敛性 ◎ 不纯正的滋味有苦涩、粗糙、异味
评叶底	◎ 主要鉴别叶底的嫩度、色泽、明暗度和匀整度 ◎ 好茶的叶底嫩叶含量多，质地柔软，色泽明亮，均匀一致 ◎ 品质差的叶底表面暗、粗老、单薄等，一般焦叶、劣质叶、掺杂叶是不允许存在的

小贴士

※ 鉴别茶叶香气时，要充分考虑茶类、产地、季节、加工方法，这些因素的不同会使冲泡后产生的香气也有所不同。如红茶的

甜香、绿茶的清香、乌龙茶的果香或花香、高山茶的嫩香、祁门红茶的蜜糖香等。

※ 汤色在鉴别过程中变化较快，为了避免色泽的变化，鉴别中要将闻香气与观汤色结合进行。

二、茶叶储存

1. 茶叶变质因素

茶叶是疏松多孔的干燥物质，储存不当很容易发生不良变化，如变质、变味、陈化等。造成茶叶变质、变味、陈化的主要因素有温度、水分、氧气、光线和异味。因此，不让茶叶受到温度、水分、氧气、光线及异味的伤害，是保存茶叶的首要工作。

温度	温度越高，茶叶品质变化越快。平均每升高10 ℃，茶叶色泽的褐变速度将增加3~5倍。如果把茶叶储存在0 ℃以下的地方，能较好地抑制茶叶的陈化和品质的损失。
水分	茶叶的水分含量在3%左右时，茶叶成分与水分子为单层分子关系，可以有效地把脂质与空气中的氧分子隔离开来，阻止脂质的氧化变质。当茶叶的水分含量大于6%时，水分就会转变成溶剂并引起激烈的化学反应，加速茶叶的变质。
氧气	茶中多酚类化合物的氧化、维生素C的氧化以及茶黄素、茶红素的氧化聚合都和氧气有关，这些氧化作用会产生陈味物质，严重破坏茶叶的品质。
光线	光线的照射可加速各种化学反应，对储存茶叶极为不利。光能促进植物色素或脂质的氧化，特别是叶绿素易受光的照射而褪色，其中紫外线的作用最为显著。
异味	茶叶的吸附性特别强，不适宜放在气味浓烈的环境下储存，以免导致茶叶产生异味、杂味。

2. 茶叶储存方法

（1）古法储存法

古法储存法主要是使用生石灰块。一般用铁质或铝质的饼干盒储存茶叶，将生石灰块用布袋包起来，放在饼干盒底，然后在上面铺一层布，茶叶则用白纸包起来，放在生石灰块上，最后盖上盖子就可以了。

小贴士

※ 在储存过程中，最好是一年之后再启封，如果保存的数量较多，半年之后需要打开重新更换一批新的生石灰块。

※ 如果使用茶叶储藏库储存茶叶，应在储藏库内的空处，放上盛有生石灰或木炭的容器，每隔一段时间检查生石灰是否潮解，如生石灰潮解，应立即换掉。储藏库内保持干燥，有利于茶叶的储存。

（2）器物储存法

茶叶容易吸味、串味，导致茶味不纯，需要处于干燥环境中，且避免与其他气味接触。因此，日常用器物储存茶叶是比较方便实用的方法。

罐装法

罐装法使用的罐子按材质分为铁罐、纸罐、瓷罐、陶罐、锡罐、玻璃罐等。采用罐子储存茶叶时应考虑防潮、防光和防异味，一般会在罐子底部和罐口各放置两层棉纸，再盖紧盖子。如果罐装茶叶暂时不饮，可用透明胶纸或者专用夹子封口，以免潮湿空气进入罐内。

食品袋储藏

使用食品袋储存茶叶时，最好少量购买或以小包装存放茶叶，减少打开包装的次数，避免其接触空气。这样既能保质，又方便冲泡。装入茶叶后要抽干空气，便于保持茶叶的品质。

（3）温度储存法

不同的茶叶对储藏温度有不同的要求，如绿茶在高温下容易黄变，需要冷藏。白茶、黑茶则需要在正常室温下与空气发生氧化作用，以促进其品质的转化。因此，为了能够较好地保持茶叶自身的品质特征，可以采用冷藏或恒温恒湿的储藏方法。

冷藏法　准备一台专门储存茶叶的小型冰箱，设定温度在-5 ℃以下，将茶叶封装好后放入冰箱内。冰箱适合储存绿茶、黄茶、乌龙茶和红茶。

恒温恒湿法　采用专门的茶叶发酵型恒温恒湿机进行储存，可以通过升温、降温、加湿、除湿，实现室内温度和湿度的恒定。温度一般可控制在18~40 ℃，湿度可控制在40%~99%。

注意事项

※ 采用冰箱冷藏法，冰箱内不能再储存其他东西，特别要注意防止冰箱中的其他异味、杂味污染茶叶。

模块 三

茶艺基础知识

学习单元一　品茗环境要求

品茶人十分讲究品茗环境。品茗的场所由早期的茶摊发展到现在的茶艺馆、茶楼，品茗环境越来越温馨、高雅，另外爱好饮茶的人也可以在家里、办公室或者大自然中布置品茗场所。

一、家庭茶室

家庭茶室没有固定的模式，可以不用进行刻意装饰，感觉轻松自然就好。

※ 空间。面积不需要太大，可以设计在客厅一角，条件许可也可以单独设置一个房间。

※ 家具。一般用高档的红木家具或明清样式的桌椅，也可以采用朴实自然的材质，用天然的原木作桌子，再放几个木墩子作凳。

※ 茶具。可用自己喜欢的茶具，如宜兴的紫砂茶具或细腻的青瓷盖碗，而茶具的质地也决定了茶汤滋味的不同。

※ 情趣。茶室墙上一般配以素雅的书法条幅，意境悠远的山水国画，渲染出古色古香的浓郁氛围，也可以放几件别致的小饰物。

二、茶艺馆

中国悠久的茶文化源远流长，每饮一口芬芳清茶，就好像在品味中华文化，这种文化内涵很大程度上影响了茶艺馆的格调，给人们营造出平和、雅致、忘我的茶境。

※ 平和之境。正所谓“茶须静品，酒须热闹”，在古色古香的茶艺馆中尽情享受宁静与安逸。茶艺馆内，一扇扇古门虚掩，古花窗半遮竹帘，绿植掩映，古灯幽幽，在流水般的古筝声里体味一片静谧。

※ 雅致之境。盘腿坐禅品茶，或两三知己对坐品茶，使人静心安神，可谓“一杯甘露暂留客，两腋清风几欲仙”，即所谓“以茶可行道，以茶可雅志”。

※ 忘我之境。“采菊东篱下，悠然见南山。”喝茶是返璞归真的最佳途径，让身处闹市的人们，亦保持气定神闲，让身心回归自然。

三、办公室

茶道在身，仿佛饮水，冷暖自知。有道者，举手投足处处是茶道。

※ 从容品茶。品茶，讲究专注、细致、平心静气，方能品出不同的意境，体味不凡的享受。工作之余饮一杯茶，让悠久的茶文化浸润身心，在从容中把工作做到极致。

※ 在茶香中减压。现代生活节奏快、压力大，天长日久，内心会有越来越多的疲惫和焦虑，需要有独处的时刻。在淡淡茗香中，使自己的心境趋于平和淡泊，一切烦恼忧愁都能放得下。

四、大自然

茶生于山野峰谷之间，泉出在深壑岩罅之中，两者皆孕育于青山秀谷，是远离尘嚣、亲近自然的象征。茗家煮泉品茶，追求的正是在宁静淡泊、淳朴率直中的高远意境和“壶中真趣”。

人们可以与茶一起，回归大自然中的茶趣。找片好山好水，不必走得太远，心远地自偏，以石为桌，天地为屋，心随云动。青山，溪流，孤舟，白云，炊烟暮色，茶香，绘成一幅宁静安逸的品茶图。

※ 环境要干净整洁、幽静典雅、宽敞明亮。如摆上一盆鲜花，能增加古雅典朴的气息；同时可以播放古筝曲等慢节奏的音乐，以此增加品茗情趣，营造一种清雅、和谐、谦让、友好的茶文化氛围，让品茶人享受冲泡过程中每一个细节的韵味，体会天然健康的饮料，体会轻松惬意的生活。

学习单元二 品茗用水知识

一、品茗与用水的关系

泡茶不能离开水，好茶要通过水的冲泡才能泡出一杯清香四溢的茶汤，从而被人们享用，水质的好坏往往能直接影响茶汤的质量。

1. 水质分类

水有硬水和软水之分。人们在选择泡茶用水时，要对水的软硬度与茶汤品质高低的关系进行了解，不同的水质对茶汤有不同程度的影响。

（1）硬水

每升水中钙、镁离子的含量大于8毫克，称为硬水。硬水包括泉水、江河水、溪水、自来水和一些地下水。用硬水泡茶，茶汤发暗，滋味发涩。这是由于硬水中含有大量矿物质，使茶叶有效成分的溶解度降低，导致茶味偏淡，而且水中的一些矿物质与茶发生作用，也对茶汤品质产生了不良影响。水的硬度还会影响茶汤的酸碱度，进而影响茶汤的颜色和滋味。

硬水分为暂时硬水、永久硬水。

暂时硬水

※ 暂时硬水的硬度是由碳酸氢钙与碳酸氢镁引起的，经煮沸后可被去除。

※ 用暂时硬水泡茶有损茶汤的滋味。

※ 在饮用水条件有限的情况下，只要将水静置一段时间或者煮沸后再来泡茶，同样也能冲泡出一杯相对好喝的茶汤。

永久硬水

※ 永久硬水是指经过煮沸处理后也不能软化的水。

※ 永久硬水中的钙、镁、铁等离子与硫酸根离子及氯离子共存，生成溶解性盐从而不能沉淀分离，即不能变成软水。

※ 永久硬水不宜用来泡茶。

（2）软水

每升水中钙、镁离子的含量小于 8 毫克，称为软水。用软水泡茶，茶汤明亮，滋味鲜爽，所以软水适宜泡茶。由于软水中所含的溶解物质少，茶中的有效成分能迅速溶出，溶解度高，因此茶味浓厚。

小贴士

※ 大部分硬水经高温煮沸，水中部分钙镁离子会转化为水垢，使硬水变为软水。平时用铝壶烧开水，壶底上的白色沉淀物质就是碳酸盐。

※ 泡茶常用的软水是经过人工加工处理过的蒸馏水和纯净水，这些水由于加工成本较高，价格较贵，因而切实可行的办法是将硬水加工成软水。

2. 名泉

名泉是指在自然界中，能被大众所认可，且有一定知名度的山泉。

（1）名泉的特点

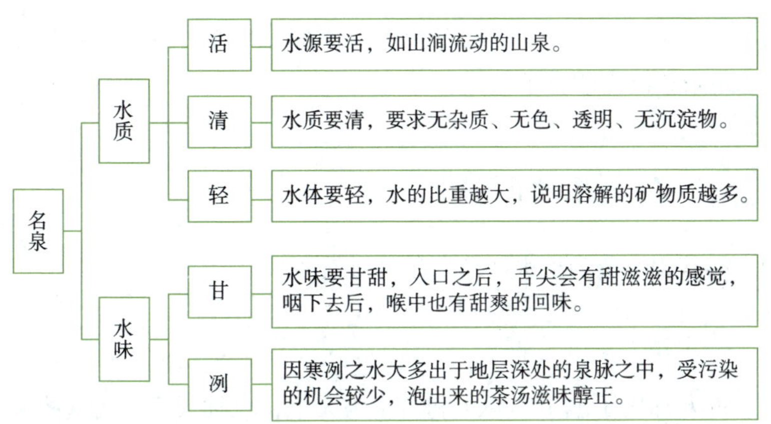

（2）古今名泉

中国历代名人学者为名泉好水做出了判定，为后人对泡茶用水的研究提供了非常丰富的历史资料。

张又新在《煎茶水记》书中提到刘伯刍所品七水："扬子江南零水第一；无锡惠山寺石泉水第二；苏州虎丘寺石泉水第三；丹阳县观音寺水第四；扬州大明寺水第五；吴松江水第六；淮水最下，第七。"

《煎茶水记》书中还提到陆羽所品二十水："庐山康王谷谷帘泉第一；无锡县惠山寺石泉水第二；蕲州兰溪石下水第三；峡州扇子山下有石突然，泄水独清冷，状如龟形，俗云虾蟆口水，第四；苏州虎丘寺石泉水第五；庐山招贤寺下方桥潭水第六；扬子江南零水第七；洪州西山西东瀑布水第八；唐州柏岩县淮水源第九，淮水亦佳；庐州龙池山岭水第十；丹阳县观音寺水第十一；扬州大明寺水第十二；汉江金州上游中零水第十三，水苦；归州玉虚洞下香溪水第十四；商州武关西洛水第十五；未尝泥。吴松江水第十六；天台山西南峰千丈瀑布水第十七；郴州圆泉水第十八；桐庐严陵滩水第十九；雪水第二十，用雪不可太冷。”

中国五大名泉，即镇江中泠泉、无锡惠山泉、苏州观音泉、杭州虎跑泉和济南趵突泉。

二、品茗用水的分类

品茗用水分为天水、地水和再加工水。

1. 天水

古人称用于泡茶的雨水和雪水为天水，也称天泉。用这些天然水泡茶应该注意水源、环境、气候等因素。

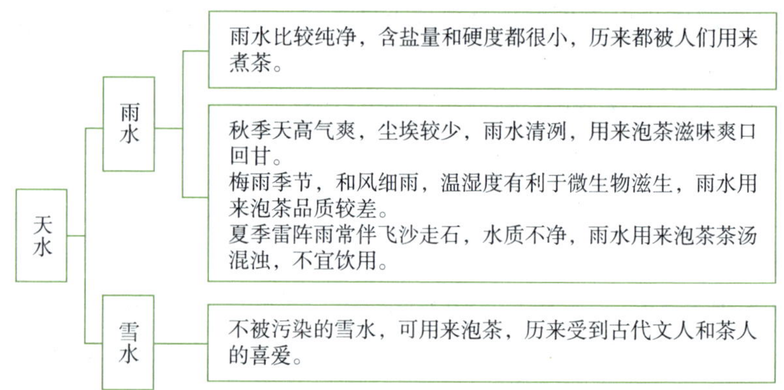

2. 地水

在自然界中，山泉、江、河、湖、海、井水统称为“地水”。

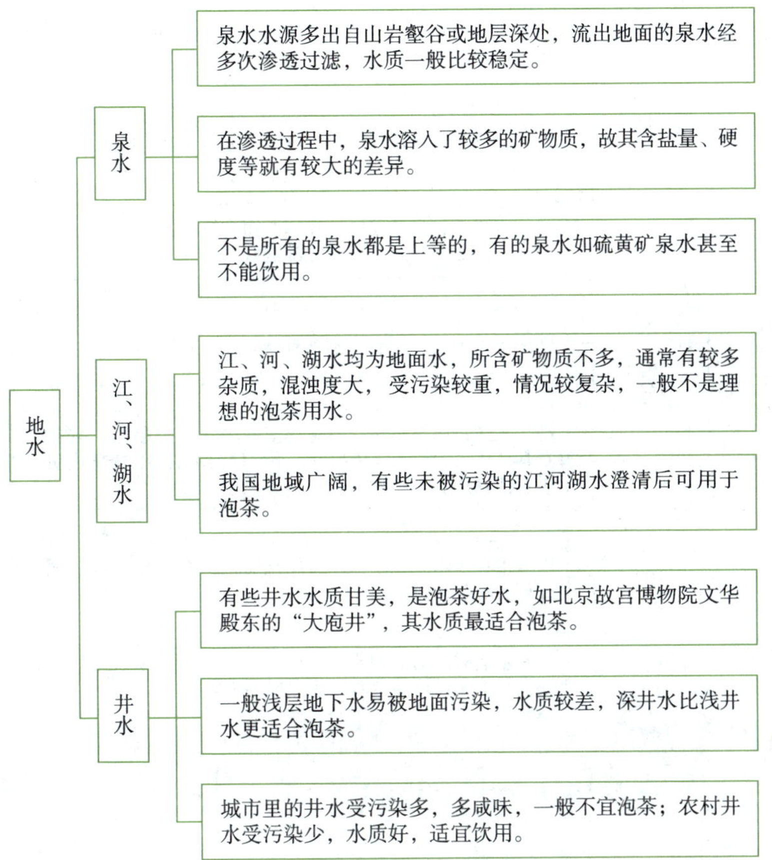

3. 再加工水

现在除了选择天然的山泉水泡茶之外，还可以选择自来水、纯净水、矿物质添加水。

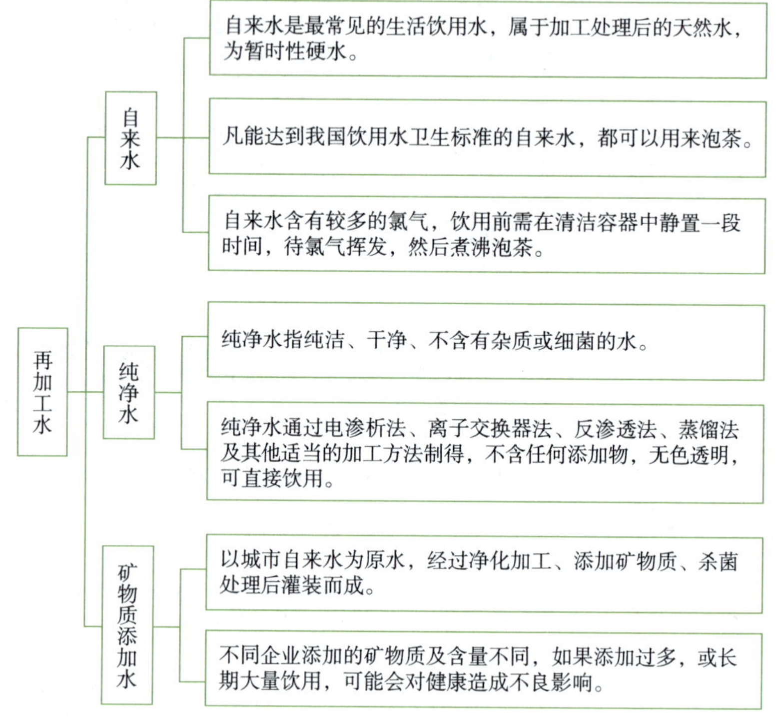

三、品茗用水的选择方法

1. 水质对品茗的影响

在选择泡茶用水时，要尽量使用适合泡茶的软水。因为软水中的钙、镁离子含量较低，有利于茶叶有效物质浸出。

在自然界，雪水、雨水以及人工加工而成的纯净水、蒸馏水是软水；而泉水、江水、溪水、湖水、井水等水源中有一部分是软水，另外一部分是硬水。

由于现代工业排出的废水和废气造成环境污染，使泉水、江水、溪水、湖水、井水都受到了不同程度的污染，因此不适合直接泡茶；而雨水和雪水，虽然未曾落地，但也因受大气污染而含有大量的尘埃和其他溶解物，因此也不适合直接用于泡茶。不同的水质对茶汤有不同的影响。

对茶味的影响

※ 水的软硬度对茶味的影响至关重要。用软水泡茶，茶味浓厚；用硬水泡茶，茶味偏淡。同时，水中的一些物质会与茶发生作用，对茶味产生不良影响。

对汤色的影响

※ 水的软硬度会影响水的酸碱度，从而影响茶汤的颜色。

对溶解有效成分的影响

※ 水的软硬度会影响茶叶有效成分的溶解度。软水含其他溶质少，茶叶有效成分的溶解度高。而硬水中含有较多的钙、镁离子和矿物质，茶叶有效成分的溶解度低。由此可见，泡茶用水以选择软水或暂时硬水为宜。

2. 品茗用水的要求

由于环境和生活节奏的改变，现在泡茶一般选用方便、洁净的自来水、纯净水、矿泉水。为了提高茶汤的品质，如选用自来水，需设法去除氯气；选用矿泉水，则应选择钙、镁离子含量少的软水。

（1）鉴水标准

在选择泡茶用水时，有条件的情况下可以通过测定水的物理性质和化学成分来鉴定水质。

鉴定水质常用的指标如下：

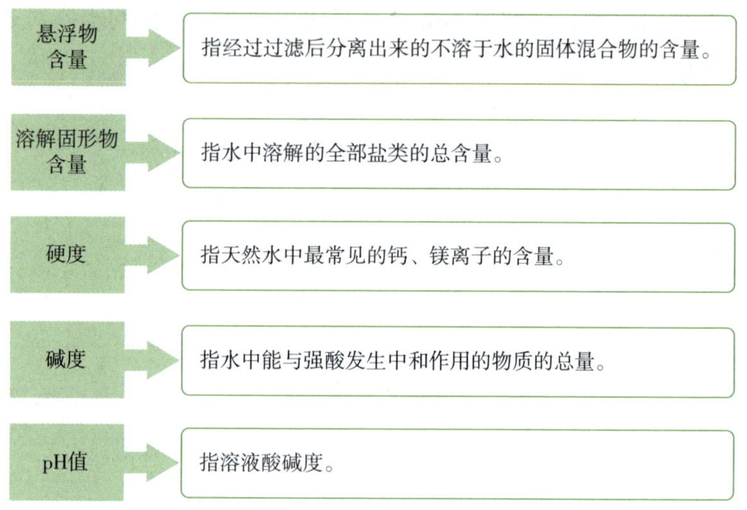

如没有条件进行检测，应选用清洁、无色、无味的水泡茶，现代城市中很容易购得的矿泉水、纯净水都是上好的泡茶用水，被广大的茶艺馆经营者所青睐。

（2）品茗用水选择

品茗用水选择必须符合国家饮用水的卫生标准，以软水泡茶为好。另外，在选水用水过程中应把握“生态、节能”的原则。

自来水

※ 凡能达到国家饮用水卫生标准的自来水都可以用来泡茶。
※ 自来水中含有较多的氯气，氯离子会使茶叶中的多酚类物质氧化，影响汤色，破坏茶味，如一定要用，使用前应经过过滤器过滤，或静置后再用来泡茶。

矿泉水

※ 矿泉水中含有锂、锶、锌、硒、溴化物、偏硅酸、游离二氧化碳和溶解性总固体。
※ 市场上销售的矿泉水并非全是软水，其中有一部分属于硬水。最好选择钙、镁离子含量小于8毫克/升的软水来泡茶。

纯净水	※ 用纯净水泡茶能较好地使茶汤呈现出其应有的滋味和香气。 ※ 纯净水并不适合长期用来泡茶，因为纯净水在净化过程中，在消除有害物质的同时也除去了人体所需的矿物质和微量元素。 ※ 用纯净水泡茶，茶叶中的有益物质不但不能被人体吸收，还会导致部分流失。
矿物质添加水	※ 矿物质添加水中含有多种矿物质，用于泡茶有利有弊。 ※ 泡茶时如果水中铁离子含量大于0.5‰，就会使茶汤变成褐色，茶里面的茶多酚和氯化物发生反应会在茶汤表面产生“锈油”，使茶叶中的多酚类物质被氧化，影响汤色，破坏茶味，让茶汤有苦涩味。 ※ 如果矿物质含量过高建议不要直接用来泡茶，而应经过过滤或者净化处理后再使用。
桶装水	※ 桶装水是采用城市自来水为原水，经过净化处理后的纯净水，或者进行再添加的加工水，采用桶装的方式便于运输和储存。 ※ 用桶装水来泡茶，出汤较慢，且桶装水含氧量较低，缺乏活性，所以冲泡茶叶时香气表现不充分，影响茶水口感，泡出的茶汤效果不好。 ※ 桶装水的优点是方便实用，在条件允许的情况下最好不要用桶装水泡茶。

学习单元三　常用器具的名称及使用

一、茶具功用

中国茶种类丰富，饮茶习俗多样。茶具的具体配备有很大的差异。随着冲泡技艺的不断创新，茶具也在不断地变化与创新。茶具的功用具有溢香、衬色、形美的特点。

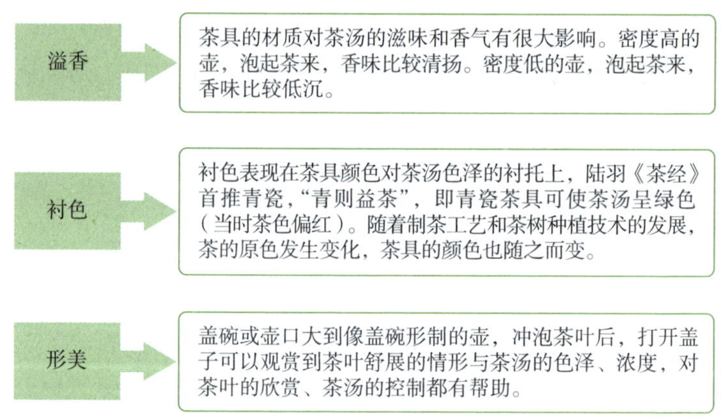

二、茶具的类型

1. 按材质分类

茶具按照材质不同可分为陶土茶具、瓷器茶具、玻璃茶具、金属茶具、漆器茶具、竹木茶具等。

（1）陶土茶具

陶土茶具是新石器时代的重要发明，距今已有 12 000 多年的历史，最初是粗糙的土陶，逐渐演变成比较坚实的硬陶和釉陶。

陶器中的佼佼者首推主产于江苏宜兴的紫砂茶具。紫砂茶具始制于北宋，明代以后大为流行，成为各种茶具中最惹人珍爱的瑰宝。

（2）瓷器茶具

瓷器是一种由瓷石、高岭土、石英石、莫来石等组成，外表施有玻璃质釉或彩绘的物器。瓷器茶具的种类主要包括青瓷茶具、白瓷茶具、黑瓷茶具和彩瓷茶具。

青瓷茶具始于晋代，以浙江生产的质量最好。宋代，作为当时五大名窑之一的浙江龙泉哥窑生产的青瓷茶具远销各地。龙泉青瓷以“造型古朴挺健，釉色翠青如玉”著称。它有两个特点：一是釉面显纹片；二是器脚露胎（显铁质），口部显紫色，俗称“紫口铁脚”。

白瓷茶具色泽洁白，能反映出茶汤色泽，传热、保温性能适中，加之造型各异，堪称珍品。早在唐代，河北邢窑生产的白瓷器具已“天下无贵贱，通用之”。唐代白居易还作诗盛赞四川大邑生产的白瓷茶碗。如今，白瓷茶具更是面目一新，适合冲泡各类茶叶。

宋代茶色贵白，所以宜用黑瓷茶具陪衬。宋代的黑瓷茶盏，以建窑所产的最为著名。建盏配方独特，在烧制过程中使釉面呈现兔毫条纹、鹧鸪斑点、日曜斑点，一旦茶汤入盏，能放射出五彩纷呈的点点光辉，增加了斗茶的情趣。

彩色茶具的品种、花色很多，其中尤以青花瓷茶具最引人注目。青花瓷是以氧化钴为呈色剂，在瓷胎上直接描绘图案纹饰，再涂上一层透明釉，然后在窑内经1 300 ℃左右高温还原烧制而成的器具。

(3)玻璃茶具

玻璃古人称为流璃或琉璃，是一种有色半透明的矿物质。我国的琉璃制作虽然起步较早，但直到唐代，随着中外文化交流的增多，西方的玻璃器皿不断传入，才开始烧制琉璃茶具。

(4)金属茶具

金属茶具是指由金、银、铜、铁、锡等金属材料制作而成的器具，是中国最早的茶具之一。到隋唐时，金银器具的制作达到高峰。陕西扶风法门寺出土的一套由唐僖宗供奉的鎏金茶具，可谓是金属茶具中罕见的稀世珍宝。

(5)漆器茶具

采割天然漆树汁液进行炼制，掺进所需色料，制成绚丽夺目的器物，这是先人的创造发明之一。漆器茶具始于清代，主要产于福建福州，故称为“双福”茶具。福州产的漆器茶具多姿多彩，有宝砂闪光、金丝玛瑙、釉变金丝、仿古瓷、赤金砂等名贵品种。

(6)竹木茶具

竹木茶具来源广，制作方便，对茶无污染，对人体无害，因此，自古至今一直受到茶人的欢迎。

除了上述常见茶具外，还有用玉石、水晶、玛瑙以及各种珍稀原料制成的茶具。例如，在我国台湾地区，用木纹石、龟甲石、尼山石、端石等制成的石茶壶很受欢迎，但这些茶具一般用于观赏和收藏，在实际泡茶时则很少使用。

2. 按烧制工艺来分类

茶具按烧制工艺不同可分为柴烧茶具、气窑茶具、电窑茶具等。

（1）柴烧茶具

柴烧茶具是指利用薪柴为燃料烧制的陶瓷茶具，主要分为上釉（底釉）与不上釉（自然釉）两大类，如宋代天目碗及青瓷釉都是上釉的，而日本的备前烧是不上釉的（取其自然落灰效果）。

小贴士

※ 柴烧是一种古老的烧制技艺，烧窑难度相当大，以特制的耐火砖和泥砌窑，以松木为柴，以匣钵罩烧，烧成时间多控制在 28 ～ 48 小时，窑内温度可达到 1 350 ～ 1 380 ℃。

※ 柴烧是采用非完全封闭式进行烧制的窑炉，烧制全程都需要人力把控火力，费时费力。

※ 柴烧作品的成败取决于土、火、柴、窑之间的关系。因此，柴烧不仅是燃烧薪柴，更是人与窑的“对话”，火与土的“共舞”，运用最原始、自然的方式制成美丽的作品。

（2）气窑茶具

气窑是指以天然气、液化气等为燃料来进行烧制的窑炉。气窑的温度高达 1 380 ℃，烧制时间为 6 ～ 10 小时。气窑主要用于烧制釉下高温瓷。

小贴士

※ 气窑在烧制时能更好地改变窑内氧化氛围，在窑内达到一定温度时可控制风门大小，加入部分空气，控制窑内的氧气含量。

※ 成品颜色多变，有猪肝色、红色、黑色、花色等，极易控制，能达到窑变效果，形成色彩斑斓的艺术品。

（3）电窑茶具

电窑是指以电为能源，多半以电炉丝、硅碳棒或二硅化钼作为发热组件，依靠电能辐射和导热原理进行烧制的窑炉。

电窑是利用现代烧制工艺进行升级和改造，使烧制工艺更加可控和简易化。电窑以中低温窑炉为主，温度最高可达 950 ℃，主要用于烤制湿坯和烤花工艺。

小贴士

※ 电窑的优点是环保且成品率高。

※ 电窑烧制时间为 4 ～ 6 小时，瓷坯放入窑内后关紧闸门，用电脑操作板控制温度轨迹，窑内温度便会顺着预设好的轨迹烧制，可以更好地控制瓷坯成色，达到整窑颜色一致的效果。

3. 按功能分类

在现代茶艺活动中，按功能不同可将茶具分为泡茶器具、盛茶器具、辅助器具、储水器具、储茶器具、盛运器具、泡茶席和茶室用品八类。

（1）泡茶器具

1）茶壶。茶壶是茶具的重要组成部分，是主要用来泡茶和斟茶的带嘴器皿，也有直接用小茶壶来泡茶和盛茶，独自酌饮的。

茶壶由壶盖、壶身、壶底、圈足四部分组成，壶盖有孔、钮、座、盖等细部，壶身有口、延（唇墙）、嘴、流、腹、肩、把（柄、扳）等部分。因为不同茶壶的把、盖、底、形的细微差别，茶壶的基础形态有近 200 种。泡茶时，茶壶大小依饮茶人数多少而定。

常见的茶壶有侧把壶、小瓷壶、紫砂壶、陶壶等。

侧把壶　小瓷壶

紫砂壶　陶壶

2）盖碗。盖碗是集盖、碗、托三件于一式的茶器，又称“三才碗”“三才杯”，寓意盖为天、托为地、碗为人，暗含天地人和之意。

盖碗在明代散茶撮泡的基础上开始流行。清代北方流行花茶，茶汤容量较多，具保温功能的盖碗和大壶使用最为普遍。饮时多以盖拨茶，既可直接啜饮也可观赏叶形。

盖碗

（2）盛茶器具

1）公道杯。公道杯又称茶海、茶盅，用以盛放茶汤，避免茶叶久泡而苦涩，并起到沉淀茶渣的作用。其最主要的作用是使茶汤浓度相近、滋味一致，均匀后再分至各人杯中，以表一视同仁，因而有了“公道杯”之名，而“茶盅”的称呼却渐渐少用，被人遗忘。

常见公道杯有陶质公道杯、玻璃公道杯、瓷质公道杯以及紫砂公道杯等。

陶质公道杯

玻璃公道杯

瓷质公道杯

紫砂公道杯

2）品茗杯与闻香杯。品茗杯用来品茶及观赏茶的汤色。将茶汤倒入品茗杯中，小啜慢品，是饮茶过程中最惬意的享受。

常见品茗杯有陶质杯、紫砂杯、玻璃杯、瓷杯等。

陶质杯

紫砂杯

玻璃杯

瓷杯

闻香杯有闻香之用，比品茗杯细长，通常与品茗杯成套使用。使用闻香杯，一是保温效果好，可以让茶的热量多留存一段时间，宾客也能够握住杯颈暖一会儿手；二是茶香散发慢，可以让宾客尽情地玩赏品味。

闻香杯

品茗杯与闻香杯经常一起出现，为闻饮杯组，常见闻饮杯组有瓷质闻饮杯组和紫砂闻饮杯组。

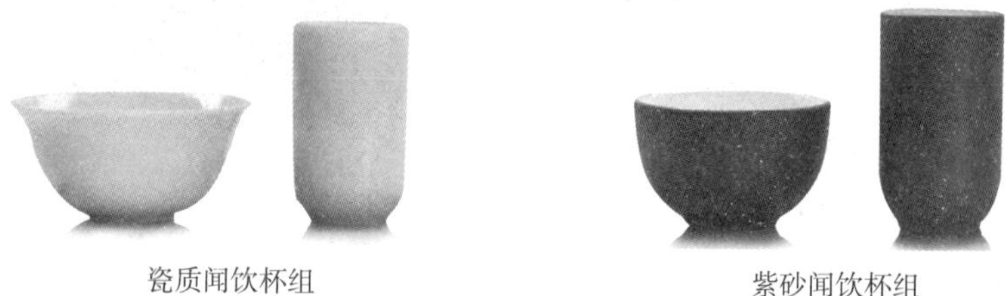

瓷质闻饮杯组　　紫砂闻饮杯组

（3）辅助器具

1）壶垫。壶垫主要是为了防止盖碗、茶壶、水壶烫伤桌面。

竹质壶垫　　木质壶垫　　布艺壶垫

2）杯托。杯托是茶杯的垫底器具，方便奉茶，且不易烫手。

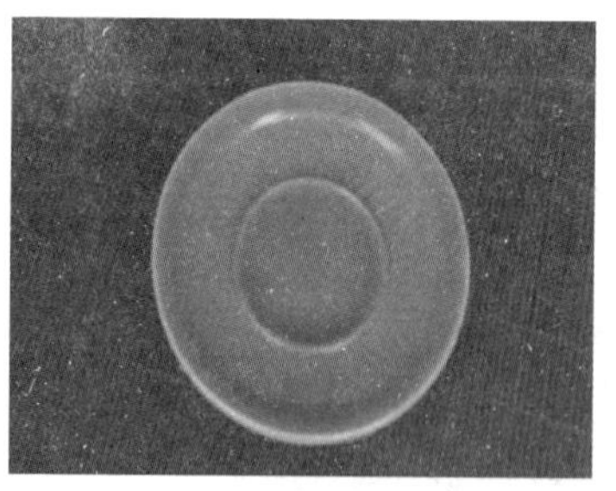

瓷质杯托

紫砂杯托

木质杯托

布艺杯托

3）茶巾。茶巾又被称为茶布，常用麻、棉等纤维制成。

茶巾的主要功能是擦干茶壶，于分茶前将茶壶或茶海底部残留的水擦干，也可用于擦拭桌面茶水。

茶巾

4）茶席巾。茶席巾又名素方，是奠定茶具中心位置的一方素巾。

5）茶筒。茶筒是盛放茶艺用品的茶器筒。

6）茶匙。茶匙又称茶勺，形状像汤匙，是盛茶入壶的用具。

茶席巾

茶筒

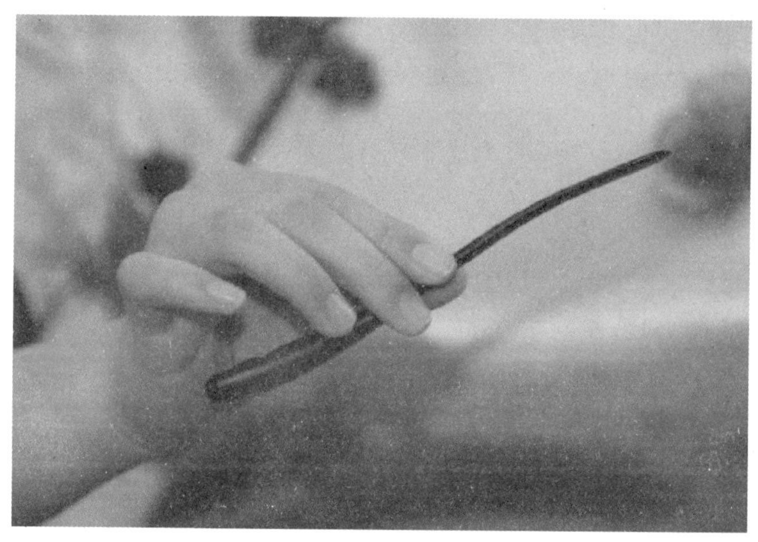

茶匙

7）茶漏。茶漏在置茶时放在壶口上，以导茶入壶，防止茶叶掉落壶外。

8）茶则。茶则是量器的一种，把茶从茶罐中取出置于茶荷或茶壶时，需要用茶则来量取。茶则也可配合茶匙，将茶叶拨入茶壶中。

茶漏

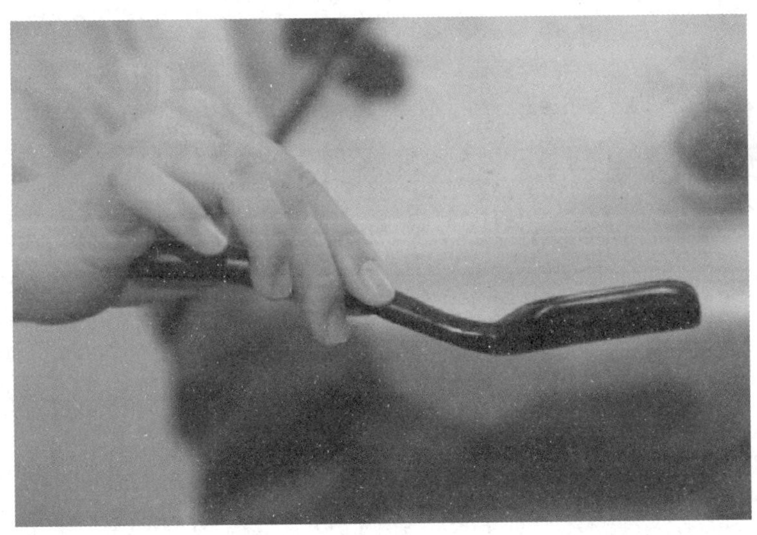

茶则

9）茶夹。茶夹可将茶渣从壶中夹出，也常有人拿它夹着茶杯进行清洗，防烫又卫生。

10）茶针。茶针的功用是疏通茶壶的内网（蜂巢），以保持水流畅通，或放入茶叶后把茶叶拨匀，使碎茶在底，整茶在上。

茶夹

茶针

11）茶滤。茶滤用于过滤茶渣，使茶汤清澈明亮。茶滤包括过滤网及过滤架。

瓷茶滤

陶茶滤

玻璃茶滤

金属茶滤

12）茶荷。茶荷用于盛放茶叶，鉴赏干茶。

瓷茶荷

陶茶荷

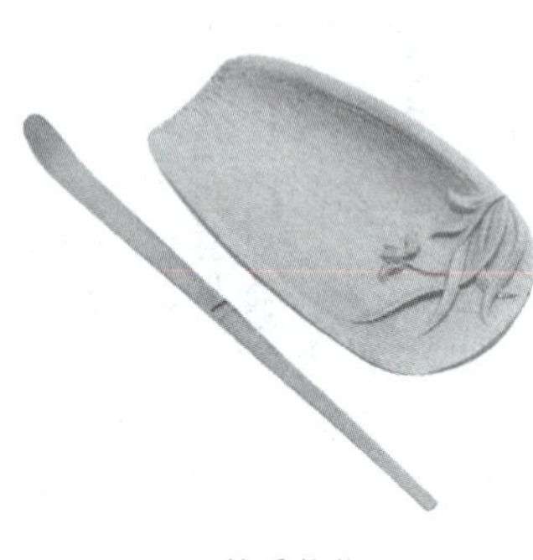

竹质茶荷　　金属茶荷

13）茶盘。茶盘是盛放茶壶、茶杯、茶道组、茶宠乃至茶食的浅底器皿。

茶盘

（4）储水器具

1）煮水器。煮水器由烧水壶和热源两部分组成，热源可用电炉、酒精炉、炭炉等。

煮水器

2）水盂。水盂又名茶盂、废水盂、建水、渣斗，用来盛装泡茶过程中的废水、茶渣和废茶等物的器皿。

瓷质水盂

陶质水盂

3）水注。水注是盛水的壶形容器，用于将冷水注入煮水器内加热，或将开水注入壶（杯）中温器、调节冲泡水温。

水注

（5）储茶器具

1）储茶罐。储茶罐是用于储藏茶叶的容器，可储茶 250 ～ 500 克。

陶茶罐　　瓷茶罐　　金属茶罐

2）茶样罐。茶样罐是用于盛放茶样的容器，体积较小，装干茶 30 ～ 50 克即可。

（6）盛运器具

盛运器具主要有提柜、提篮、提袋、包壶巾及杯套等。

1）提柜。提柜是用于储存泡茶用具及茶样罐的木柜，门为抽屉式，内分格或安放小抽屉。

茶样罐

提柜

2）提篮。提篮可用于放置泡茶用具及茶样罐等，方便在外出泡茶时使用。

提篮

3）提袋。提袋是携带泡茶用具及茶样罐、茶巾、坐垫等物的多用袋，是用人造革、帆布等制成的背带式袋子。

4）包壶巾。包壶巾是用于保护壶、盅、杯等的包装布，以厚实而柔软的织物制成，四角缝有雌雄搭扣。

提袋

包壶巾

5）杯套。杯套常用柔软的织物制成，套于杯外。

杯套

（7）泡茶席

泡茶席用具主要有茶车、茶桌、茶凳以及坐垫等。

1）茶车。茶车是可以移动的泡茶桌子，不泡茶时可将两侧台面放下，搁架对向关闭，桌身即成一柜，柜内分格，放置必备的泡茶器具及用品。

茶车

2）茶桌。茶桌是用于泡茶的桌子，一般长 120 ～ 150 厘米，宽 60 ～ 80 厘米。

茶桌

3）茶凳。茶凳是泡茶时的坐具，高低应与茶车或茶桌相配。

4）坐垫。坐垫是在炕桌上或地上泡茶时用于坐、跪的柔软垫物，大多为 60 厘米 ×60 厘米的正方形，或 60 厘米 ×45 厘米的长方形。

茶凳

坐垫

（8）茶室用品

茶室用品用于茶席设计与点缀，主要有屏风、茶挂、花器、香炉、小竹篱笆及竹卷等。

1）屏风。屏风用于遮挡非泡茶区域或作为装饰物。

2）茶挂。茶挂是挂在墙上营造气氛的书画艺术作品。

3）花器。花器是插花用的瓶、篓、篮、盆等物，用以装饰茶室。

屏风

茶挂

花器

4）香炉。香炉是点香用的香器，用于营造泡茶区域的意境。

香炉

5）小竹篱笆。小竹篱笆是一种竹质的类似于篱笆的茶室装饰品。

小竹篱笆

6）竹卷。竹卷是一种与古代竹简相似，用来装饰茶室的一种竹质品。

竹卷

三、握拿器具的手法

在茶艺表演中，各种茶艺用品器具正确的握拿手法是十分重要的，不仅能确保茶具的卫生，还传递出茶文化的精神内涵和文化价值。具体操作方法见表 3–1。

表 3–1 不同器具的握拿手法

器具	握拿手法	图示
提梁壶	右手拇指与中指相搭勾住壶把，食指轻抵壶把上，左手中指抵住壶钮	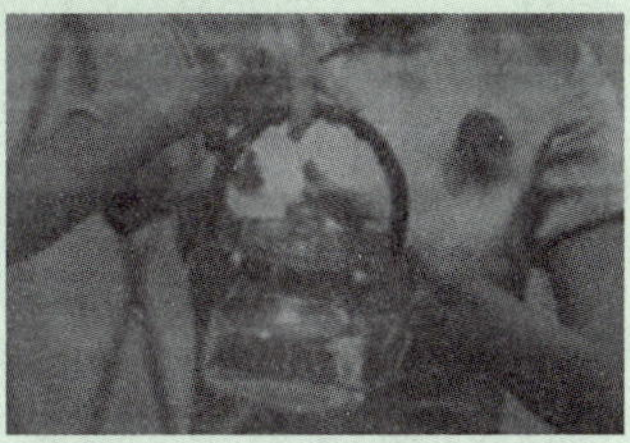
侧提壶	右手握住壶把，左手中指抵住壶钮	

续表

器具	握拿手法	图示
小侧提壶	右手四指并拢与拇指共同握住壶把	
侧把壶	右手握住壶把，左手中指抵住壶钮	
泡茶壶	右手握住壶把，左手用茶巾托住壶底	
小紫砂壶	右手拇指与中指相搭勾住壶把，食指按住壶钮，无名指与小指自然弯曲	
小瓷壶	右手拇指与中指相搭勾住壶把，食指按住壶钮，无名指与小指自然弯曲	

续表

器具	握拿手法	图示
盖碗	右手拇指与中指握杯沿，食指按住盖钮，呈“三龙护鼎”状，无名指与小指自然弯曲	
玻璃杯	右手拇指与食指提杯身，其他手指自然弯曲，左手呈兰花指状并用中指托住杯底	
无柄杯（有盖）	右手拇指与中指握杯沿，食指按杯钮，其他手指自然弯曲	
无柄杯（无盖）	右手拇指与食指、中指握杯沿，其他手指自然弯曲	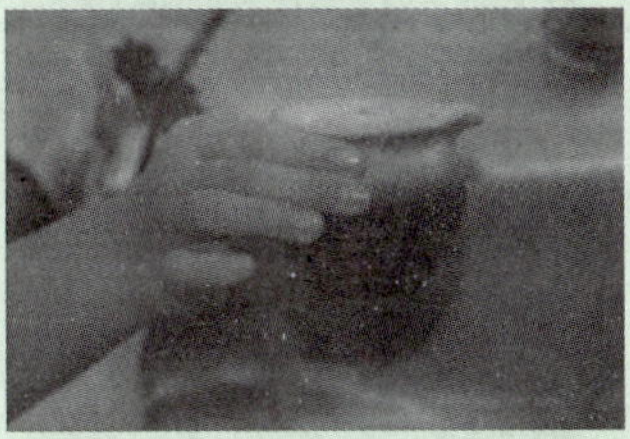
有柄杯	方法一：右手拇指与食指捏杯柄，中指轻靠杯柄，其他手指自然弯曲	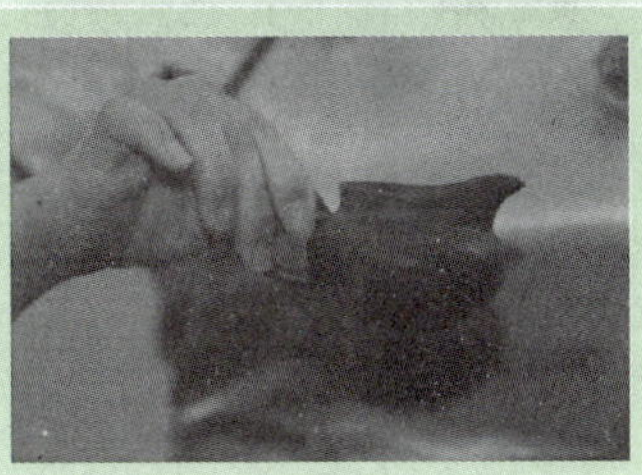

续表

器具	握拿手法	图示
有柄杯	方法二：右手食指勾杯柄、拇指按住杯柄外侧上方，中指抵住杯柄外侧下方，其他手指自然弯曲	
茶荷	左手虎口撑开，拇指与食指、中指握住茶荷外壁，其他手指自然弯曲	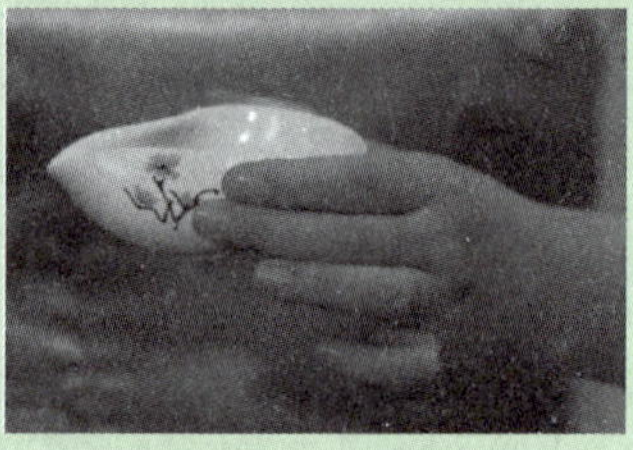
品茗杯	右手拇指与食指握杯沿，中指托住杯底，其他手指自然弯曲	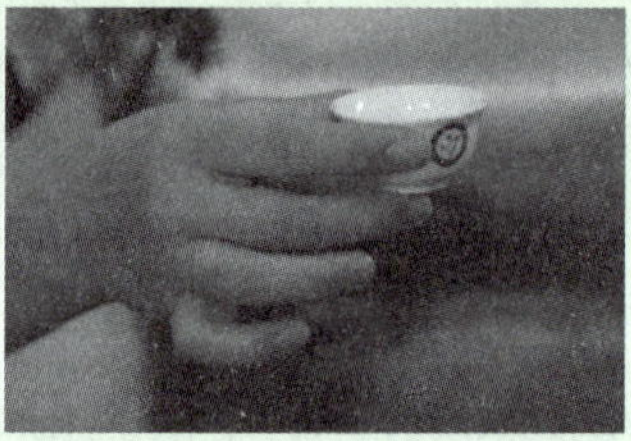
闻香杯	方法一：右手拇指、食指、中指竖直持杯，其他手指自然弯曲	

续表

器具	握拿手法	图示
闻香杯	方法二：双手掌心相对，手指呈兰花指状，捧杯于手掌心	
茶漏	右手虎口撑开，拇指与食指、中指持茶漏外沿，其他手指自然弯曲	
茶则	右手拇指与食指、中指持茶则 1/3 处，其他手指自然弯曲	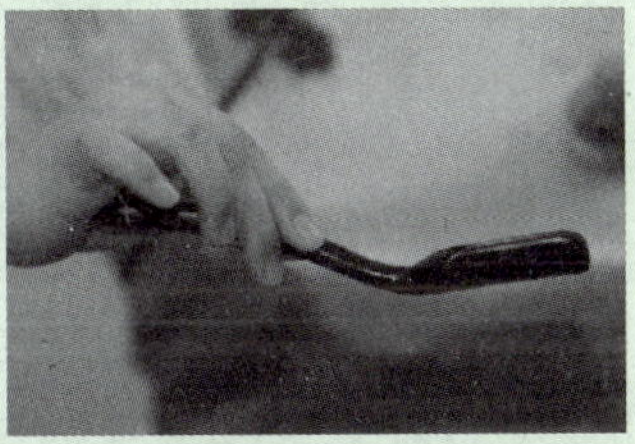
茶夹	右手拇指与食指、中指持茶夹 2/3 处，其他手指自然弯曲	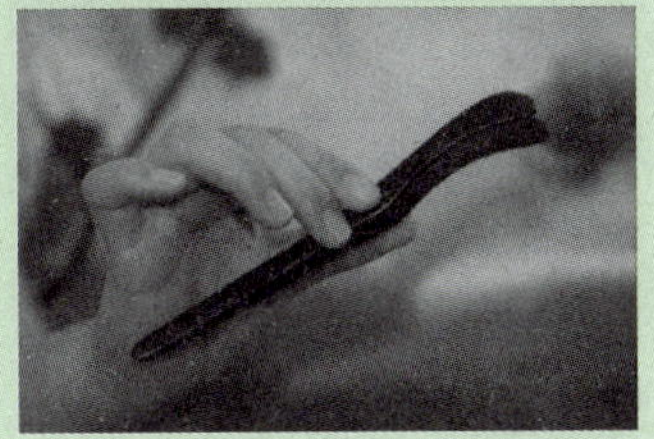

续表

器具	握拿手法	图示
茶匙	右手拇指与食指、中指持茶匙 1/2 处，其他手指自然弯曲	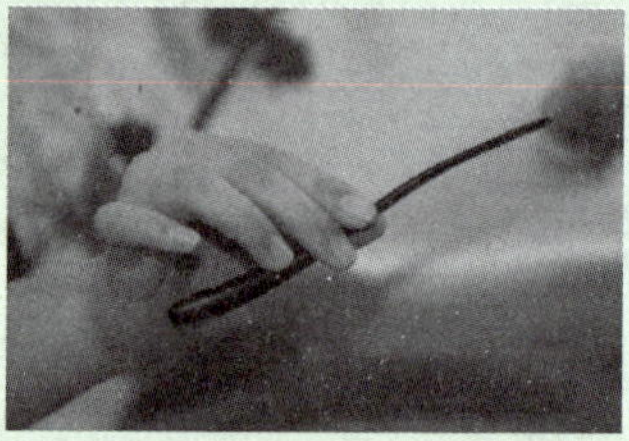
茶针	右手拇指与食指、中指持茶针 1/3 处，其他手指自然弯曲	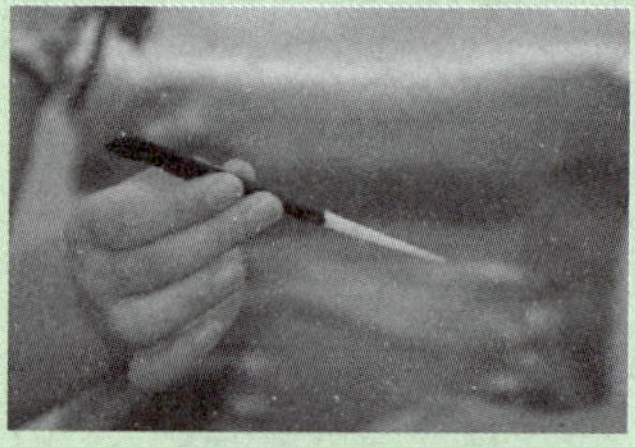
茶滤	右手拇指与食指捏滤柄，其他手指自然弯曲	
奉茶盘	双手端取，即两手中指托盘底，食指轻靠盘沿，拇指按盘沿上方端起奉茶盘	

四、常用器具的使用方法

1. 冲泡方法

（1）单手回转冲泡法

右手提开水壶，手腕逆时针转动，提腕后再压腕低斟断流收水，水流沿茶壶口（茶杯口）内壁冲入茶壶（茶杯）内。

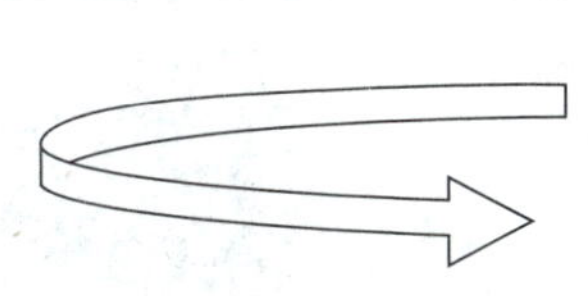

单手回转冲泡法

（2）双手回转冲泡法

左手食指与中指轻搭在壶钮，右手提开水壶，手腕逆时针转动，提腕后再压腕低斟断流收水，令水流沿茶壶口（茶杯口）内壁冲入茶壶（茶杯）内。此方法适合茶艺表演。

双手回转冲泡法

（3）凤凰三点头冲泡法

左手食指与中指轻搭在壶钮上，右手提开水壶，靠近茶杯口注水，提腕后再压腕注水，再提腕断流收水，高冲低斟反复3次，3次中间应连续，不可断流。此做法寓意为向宾客鞠躬三次以表示欢迎。

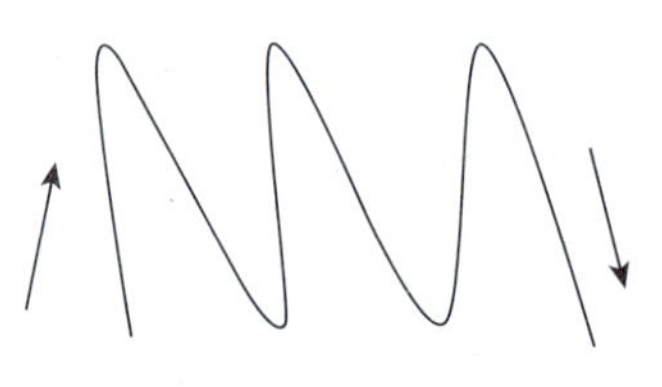

凤凰三点头冲泡法

（4）45° 冲泡法

右手提开水壶，提腕对准茶壶口（茶杯口）内壁45° 冲入茶壶（茶杯）内后断流收水。此方法男士尤为常用。

45° 冲泡法

2. 温具烫杯方法

（1）温壶方法

1）淋壶。用水壶的开水逆时针往壶盖淋一圈。

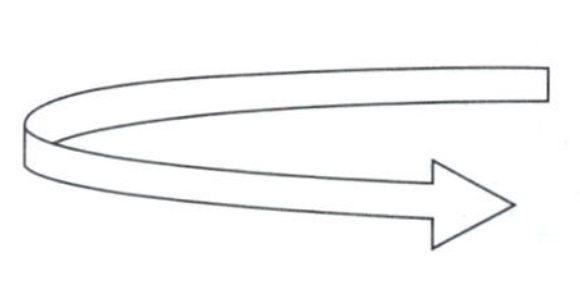

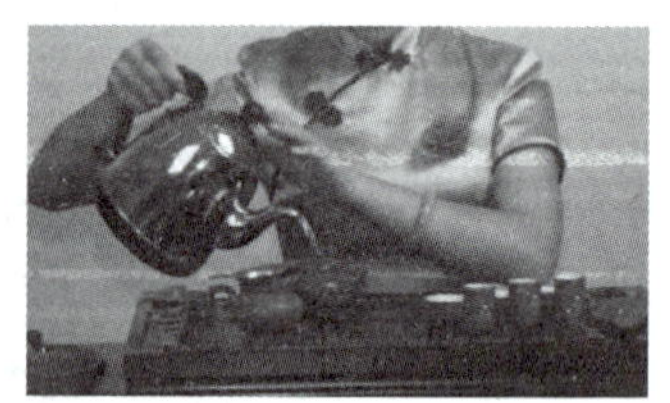

淋壶

2）开盖。右手拇指、食指、中指捏住壶钮，无名指与小指稍弯曲，逆时针方向把壶盖呈弧形方向移至右边的盖置上。

3）注水。采用单手回转冲泡法注水 1/2 即可。

开盖

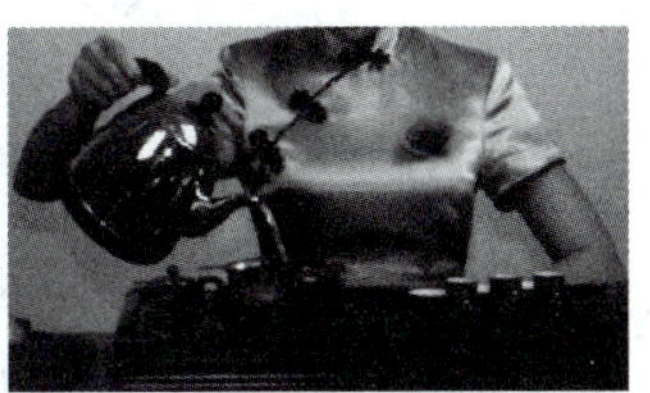

注水

4）摇壶。右手持壶，左手轻护壶底，双手协调按逆时针方向转动手腕如滚球式动作进行摇壶，令茶壶壶身各部分充分接触开水。

摇壶

小贴士

※ 若觉得壶底烫手，左手可垫茶巾。

※ 新的紫砂壶要进行开壶才能使用。即先用开水烫一遍，然后根据选配的茶类，取 20 克该茶类放入锅内与紫砂壶同煮半小时，出锅后再用开水烫洗一次晾干备用。

※ 做到天天养壶，用温润泡的茶汤或茶渣进行养壶，并清洗晾干备用。

（2）温盖碗方法

左手中指轻贴在碗盖的凹处，拇指与中指在盖钮的两边，轻轻拨动碗盖，右手虎口张开，拇指与食指、中指拿起碗，由上而下用碗内的水再次冲烫盖的内侧，把剩余的水倒入公道杯。

温盖碗

倒水

（3）温盅方法

左手拿起过滤网，右手拿公道杯，做逆时针运动，使水均匀烫到公道杯内每一部位，然后烫洗过滤网，把剩余的水倒去。

洗过滤网

（4）温品茗杯方法

品茗杯使用“杯扣杯”烫洗方法，杯内注满开水后，右手拿茶夹轻轻夹住杯子放到邻近一只杯中，通过一紧一松滚动杯子，依次烫洗，最后一只杯子的水不能往回倒，应通过壶里的水进行烫洗。

杯扣杯

烫杯

（5）烫闻香杯方法

摇杯时双手虎口撑开，拇指与食指、中指拿起闻香杯中间，用双手内旋的方式进行摇杯，使开水均匀烫到杯里的每一个部位。

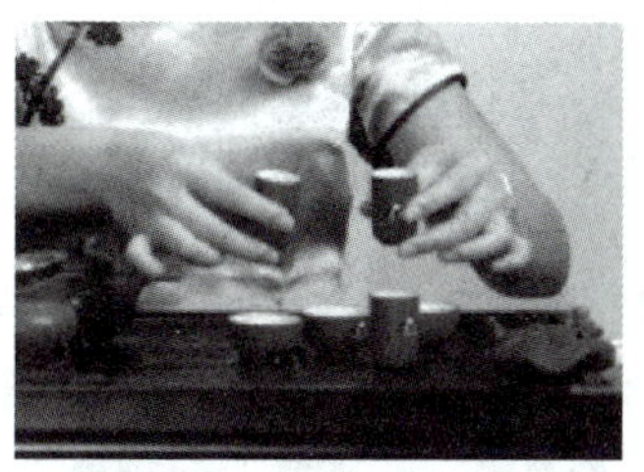
摇杯

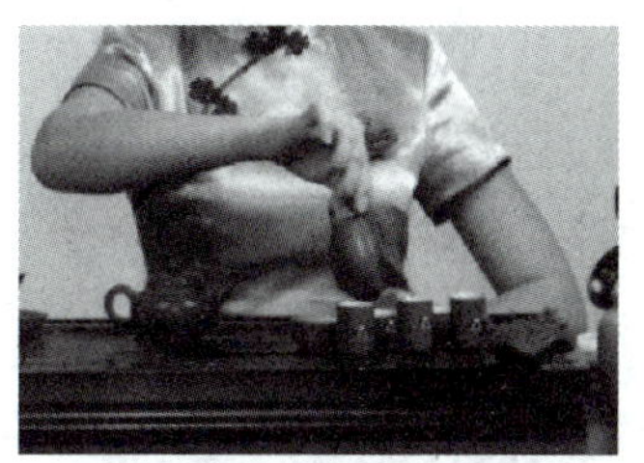
置杯

也可采用双手回旋洗法，双手的拇指与中指、食指抓住闻香杯的基部1/3处，无名指与小指自然弯曲，即左手顺时针，右手逆时针转动杯子。

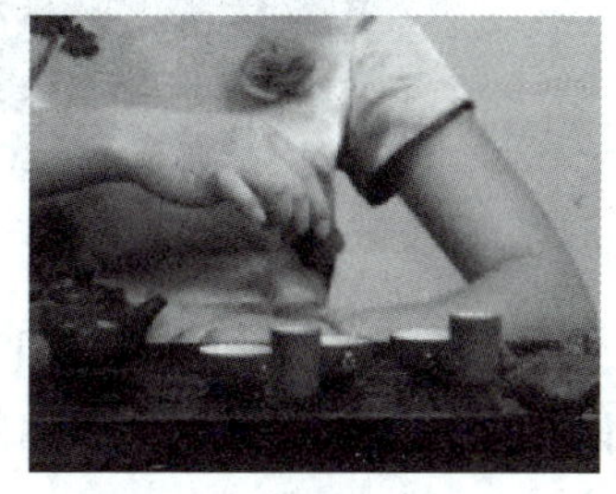
双手回旋洗法

（6）烫玻璃杯方法

右手提壶往玻璃杯中注水至杯的1/4。左手拇指、中指、食指握住杯基部，右手虎口分开，拇指、中指、食指握住杯的1/3处，左手转动玻璃杯一圈然后把水倒入水盂中。

注水

倒水

3. 茶巾折叠法

方法一：先将茶巾左右各折1/4，再把茶巾上下各折1/4，最后将茶巾对折呈八层。

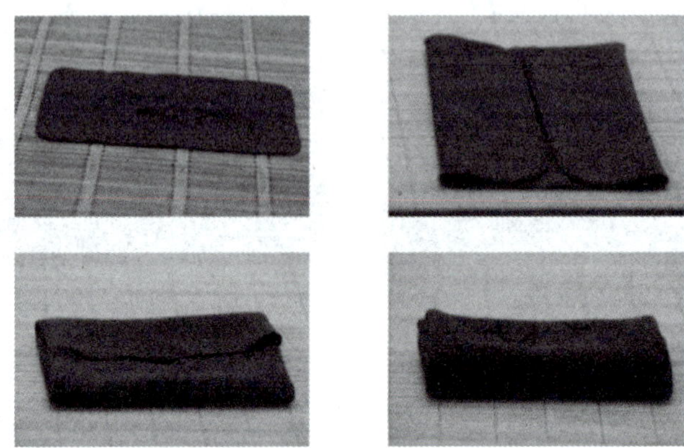

八层式

方法二：先将茶巾于1/3处对折，再将另外1/3折起，呈三层；以相同的方法将另两个方向的折好，使茶巾呈九层。

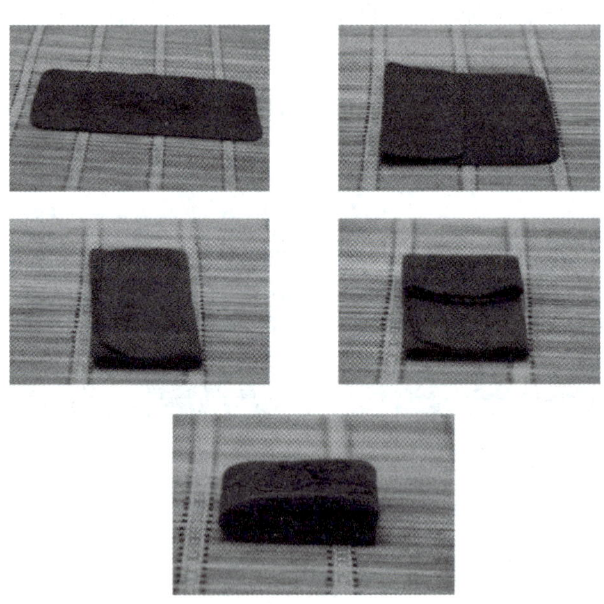

九层式

五、茶具与茶叶的搭配

茶具的色泽是指制作材料的颜色和装饰图案花纹的颜色，通常可分为冷色调与暖色调两类。冷色调包括蓝、绿、青、白、灰、黑等色，暖色调包括黄、橙、红、棕等色。用多种颜色装饰的茶具，可以按主色划分归类。

茶具色泽的选择是指外观颜色的选择搭配，其原则是要与茶叶相配，饮具内壁以白色为好，能真实反映茶汤色泽与明亮度，并应注意主茶具中壶、盅、杯的色彩搭配，再辅以船、托、盖，使其浑然一体，天衣无缝。最后以主茶具的色泽为基准，配以辅助用品。

各种茶类适宜选配的茶具色泽一般如下所述。

1. 绿茶类茶具

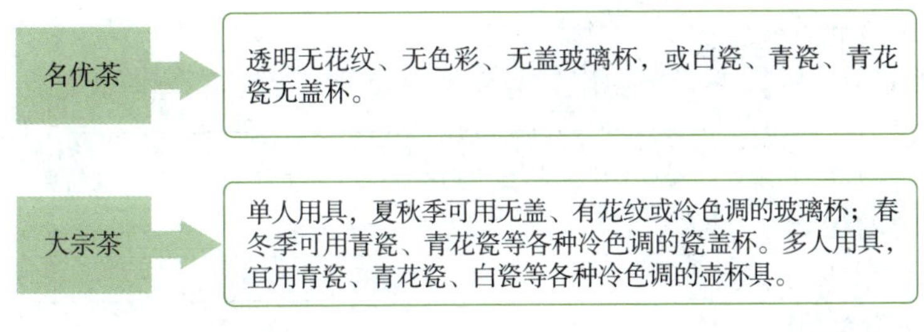

2. 白茶类茶具

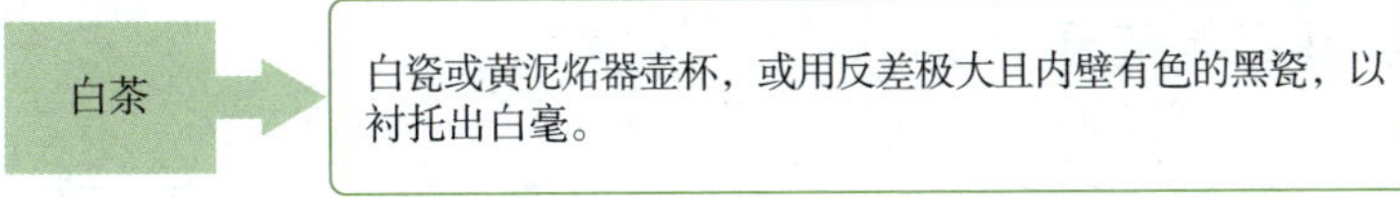

3. 黄茶类茶具

透明无色的玻璃杯，奶白、黄釉颜色瓷或以黄、橙为主色的五彩壶杯具、盖碗和盖杯。

4. 青茶类茶具

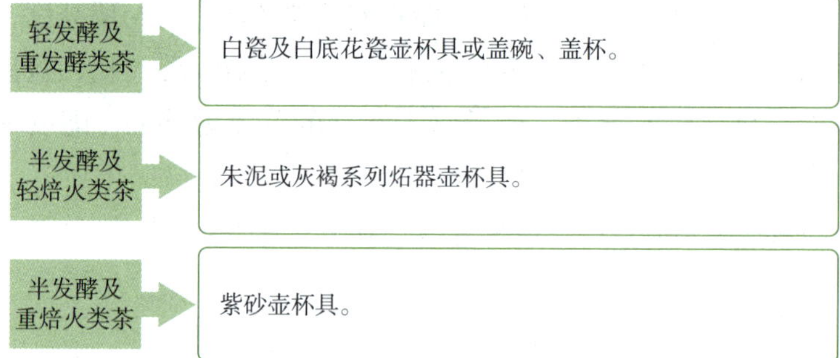

5. 红茶类茶具

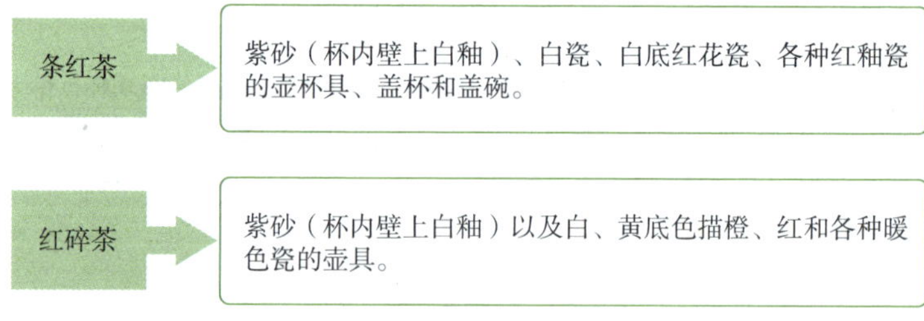

6. 黑茶类茶具

紫砂壶及陶壶杯具。

7. 花茶类茶具

青瓷、青花瓷、斗彩、五彩等品种的盖碗、盖杯、壶杯具。

学习单元四　茶点选配

一、与茶有关的饮食

茶点是和茶有关的饮食之一，也是品茗时的主要配伍。要了解茶点，先要熟悉与茶相关的饮食。

1. 茶食

茶食是指经过精巧制作，用以佐茶的食品，一般可分为茶楼里经过烹制的茶食和茶艺馆里的品茗茶食两类。

小贴士

※ 茶楼里烹制的茶食往往有“喧宾夺主”之嫌，如广式早茶、杭州提供自助茶点的茶馆，均以食为主，许多宾客以吃饱为前提，茶叶的冲泡技艺和品饮则退为其次了。

※ 在茶艺馆品茗，茶的品质是最重要的，茶食只扮演了调剂的角色，是填补空当和防止空腹饮茶的点心。

2. 茶菜

茶菜也叫茶肴，是指以茶叶或以茶叶作为辅料制作的菜肴。茶菜的制作并不比烹制其他菜肴简单，须掌握茶叶的特性，合理地将其和菜肴结合起来，经烹饪后仍能展示茶叶的香、形等特色。

目前，广为人知的著名茶菜有杭州的龙井虾仁、孔府名菜茶烧肉、四川的樟茶鸭，以及最大众化的五香茶叶蛋和茶叶豆腐干等。

知识拓展

茶菜的发展

人类对于茶的应用，自古以来经历了生吃药用—熟吃当菜—烹煮饮用—冲泡饮用的历史阶段。在人类认识茶的最初阶段，人们把采摘的茶叶鲜叶放在阳光下晒干，以便随时取用，但干叶吃时难以下咽，人们便将干叶和稻米一起放在陶制的釜鼎内熬煮成稀粥食用。而遇下雨天鲜叶无法晒干时，就将摊晾过的叶子压紧放在瓦罐里。过一段时间便成了“腌茶”，不用煮即可直接食用，这可能就是最早的茶菜了。现在西南地区的一些少数民族还保留着远古的吃茶习惯，除了直接咀嚼茶叶外，有的将茶叶鲜叶压紧储藏在竹筒里。经自然氧化，茶香溢出，吃时用盐、醋等调味，即成一道美味的凉拌茶菜。

3. 茶宴

以茶宴客，即是茶宴。茶宴形式有多种，可以豪华盛大，也可以俭约朴素；可以在家里举行，也可以在庭院或野外举行。好茶和茶食应是茶宴中的主角，茶食也应以素食为主，如干果、鲜果、羹点，或以米、面、茶粉等制作而成的茶食，也可有少量荤食，同时还应讲究盛器，使其和茶食相得益彰，体现茶食的色、形之美。

知识拓展

茶宴的由来

“茶宴”一词正式出现是在唐代钱起所写的《与赵莒茶宴》：“竹下忘言对紫茶，全胜羽客醉流霞。尘心洗尽兴难尽，一树蝉声片影斜。”唐代饮茶风气遍及全国，朝野上下无不将茶视为风雅之物。邀请亲朋好友聚在庭院或雅洁的厅堂举行品茶宴会成为一种风尚，而文人雅士更喜欢在花木扶疏、精致幽雅的场所聚会，一边品尝名茶，一边吟诗作赋，或谈古论今，或叙谈趣事，主人还拿出各种名茶果品供大家享用。有时除了品茶吟诗之外，还有歌舞助兴，盛况引人注目。

二、不同类型的茶点搭配

茶点种类繁多，因品饮的茗茶种类和个人的喜好而有所不同。但应注意茶点为佐茶之用，不宜选择过于油腻、辛辣和有怪味的食品，以避免影响味觉而喧宾夺主。

小贴士

现代茶点分类

※ 干果类：瓜子、花生、栗子、杏仁、松子、梅子、枣、杏干、山楂、橄榄、开心果等。

※ 鲜果类：橙子、苹果、香蕉、提子、菠萝、猕猴桃、西瓜等。

※ 糖果类：芝麻糖、花生糖、贡糖、软糖、酥糖等。

※ 西点类：蛋糕、曲奇、凤梨酥、吐司等。

※ 中式点心类：包子、粽子、汤圆、豆腐干、茶叶蛋、笋干、各式卤品等。

1. 不同茶类的茶点搭配

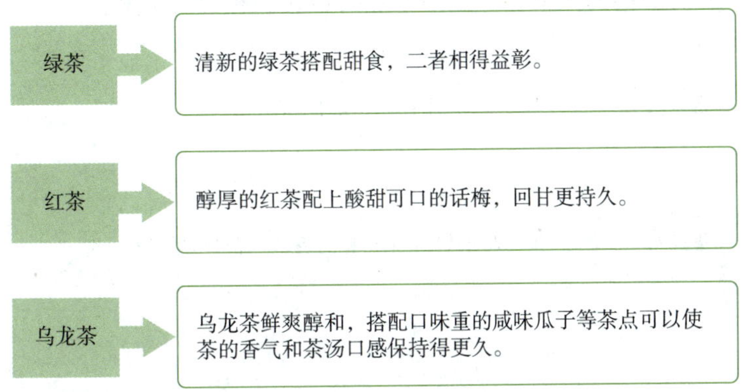

2. 不同季节的茶点搭配

随着地域和季节的变化，茶的内含物会有所改变，而人的体质状况也会因节气、时间而有所调整，因此茶食的准备无论就茶的内质还是人的体质来说，都得依节气、时间的不同而有所不同。茶食的颜色、种类、数量，宜少不宜多，适可而止。

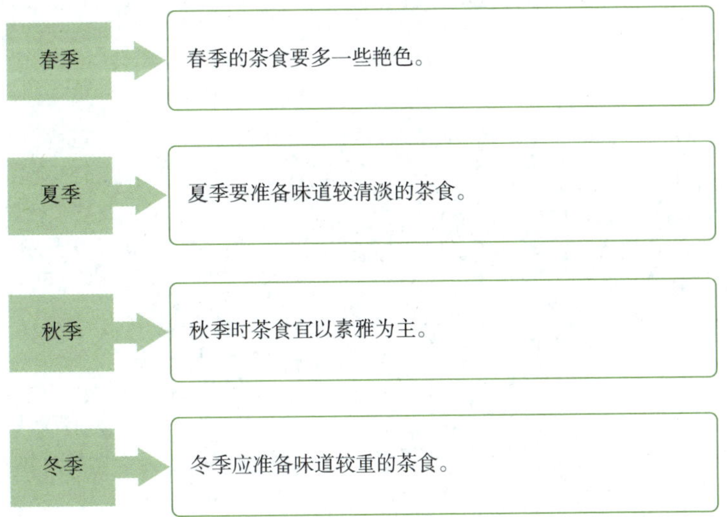

3. 不同人群的茶点搭配

面对不同的人群，在选择茶点时也应做相应的调整。

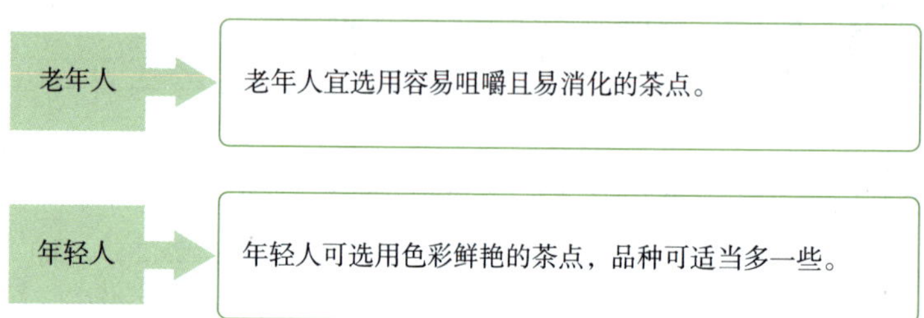

模块 四

茶与健康及科学饮茶

学习单元一　茶叶的主要成分

一、茶叶的营养成分

1. 氨基酸

氨基酸是茶叶中的主要滋味成分，同时也是主要的功能性成分，与茶叶的保健功能关系密切。氨基酸在茶汤中的浸出率可达 80%，所以它对茶汤品质和人体的药理作用影响较大。

茶叶中已被发现的氨基酸有 26 种，与茶叶保健功效关系最大的氨基酸是茶氨酸和 γ－氨基丁酸。

作用

茶氨酸

※ 促进神经生长和提高大脑功能，从而增强记忆力，并对帕金森病、阿尔茨海默病及传导神经功能紊乱等疾病有预防作用。
※ 明显抑制由咖啡碱引起的神经系统兴奋，改善睡眠。
※ 增加肠道有益菌群，降低血浆胆固醇含量。
※ 保护肝脏，增强人体免疫机能，有改善肾功能、延缓衰老等功效。

γ－氨基丁酸

※ 具有降血压效果，能改善大脑血液循环，增加氧气供给。
※ 改善大脑细胞代谢功能，降低胆固醇含量，调节激素分泌，增强肝功能，活化肾功能，改善更年期综合征等。

2. 茶多糖

茶多糖也叫茶叶多糖复合物，包括单糖、双糖和多糖三类，其含量随茶叶原料的老化而增多，一般来说，六级茶中茶多糖含量是一级茶的 2 倍左右。同样嫩度的鲜叶加工成红茶、绿茶和乌龙茶后，茶多糖含量以乌龙茶最高，绿茶次之，红茶最低。

※ 具有降血糖、降血脂、防辐射、抗凝血及血栓、增强机体免疫功能、抗氧化、抗动脉粥样硬化、降血压、保护心血管等药理功效。

3. 维生素

茶叶中含有多种维生素，分为水溶性维生素（以维生素 B、维生素 C 最为重要）与脂溶性维生素（以维生素 A、维生素 E 最为重要）两类。

绿茶的维生素含量高于红茶，高级别绿茶中维生素 C 的含量约为 0.5%。春茶的维生素含量高于夏秋茶。

维生素C
※ 具有很强的还原性，在体内具有抗细胞物质氧化、解毒等功能。
※ 防治维生素C缺乏病、增加机体抵抗力、促进创口愈合等。
B 族维生素
※ 对烟酸缺乏症、消化系统疾病、眼病等有显著疗效。

4. 矿物质元素

茶叶中含有多种矿物质，其中磷与钾含量最高；其次为钙、镁、铁、锰、铝，微量成分有铜、锌、钠、硫、氟、硒等，大多数矿物质对人体健康是有益的。

※ 氟对预防龋齿和防治老年人骨质疏松有明显效果。
※ 硒能刺激免疫蛋白及抗体的产生，增强人体对疾病的抵抗力，可防治某些地方病（如克山病）的发生，并对治疗冠心病有效，还能抑制癌细胞的发生和发展。
※ 锌可增强免疫力并有益智作用。
※ 铁和铜都与人体的造血功能有关。

二、茶叶的药用成分

1. 茶多酚

茶多酚是茶叶中多酚类物质的总称，是茶叶的特征性生化成分之一，也是茶叶医疗价值最主要的物质基础。茶多酚在鲜叶中的含量一般在 15% 以上，最高可达 40%。

茶叶中多酚类物质主要由儿茶素类（黄烷醇类）、黄酮类和黄酮醇类、花青素和花白素类、酚酸和缩酚酸类组成，以儿茶素类化合物含量最高，占茶多酚总量的 70% ～ 80%。

绿茶的茶多酚含量在所有茶类中是最高的，红茶的茶多酚含量在所有茶类中是最低的，但红茶含有大量多酚氧化产物，有很好的保健功效。乌龙茶介于绿茶与红茶之间，保留了一定数量的茶多酚，同时也含有一些多酚氧化产物。

※ 茶多酚是一种活性物质，具有氧化还原性，能清除过多的自由基，并阻断自由基的传递，提高人体内源性抗氧化能力。
※ 多酚类物质具有杀菌抗病毒、清除自由基、保护和修复DNA结构等生化活性，这些生化性质使茶叶具有降血脂、抗脂质过氧化、抗菌、抗病毒、抗衰老、解毒、增强免疫力等功效。

2. 生物碱

茶叶中的生物碱主要有咖啡碱、茶碱和可可碱，这三种生物碱都属于甲基嘌呤类化合物，是一类重要的生理活性物质，也是茶叶的特征性化学物质之一。

茶叶中的咖啡碱含量为鲜叶干重的 2% ～ 4%，每 150 毫升茶汤中含有约 40 毫克咖啡碱。咖啡碱具有弱碱性，易溶于水，通常在 80 ℃水温中即能溶解，它对茶汤滋味的形成具有重要作用。

由于茶叶中茶碱含量较低，而可可碱在水中的溶解度不高，因此，在茶叶生物碱中起主要药效作用的是咖啡碱。

※ 咖啡碱具有兴奋大脑中枢神经、强心、利尿等多种药理功效。
※ 咖啡碱还能消除疲劳，抵抗酒精和尼古丁等的毒害，减轻支气管和胆管痉挛，调节体温，兴奋呼吸中枢等。
※ 咖啡碱也存在负面效应，主要表现为晚上饮茶可影响睡眠，对神经衰弱者及心动过速者等有不利影响。

3. 茶色素

茶叶中的色素包括脂溶性色素和水溶性色素两种，含量仅占茶叶干物质总量的 1% 左右。

脂溶性色素不溶于水，有叶绿素、叶黄素、β－胡萝卜素等。脂溶性色素是形成干茶色泽和叶底色泽的主要成分，绿茶的干茶色泽和叶底的黄绿色主要取决于叶绿素含量。

水溶性色素有黄酮类物质、花青素及茶多酚氧化产物茶黄素、茶红素、茶褐素等。茶黄素和茶红素是红茶的主要品质成分，也是红茶色泽呈现的主要成分，具有很好的生理活性。茶黄素和茶红素在红茶中含量一般约为 1%。黑茶、乌龙茶、黄茶中也存在少量茶黄素和茶红素。

※ 叶绿素具有抗菌、消炎、除臭等作用。
※ β－胡萝卜素具有抗氧化、清除体内自由基、增强免疫力、提高人体抗病能力等作用。
※ 茶黄素具有类似茶多酚的作用，是一种有效的自由基清除剂和抗氧化剂，具有抗癌、抗突变、抑菌抗病毒、改善和治疗心脑血管疾病等作用。

4. 茶皂素

茶皂素是一种天然表面活性剂，可以让茶汤起泡沫。存在于茶树的种子、叶、根、茎中，茶根中含量最多。

※ 具有溶血、降低胆固醇含量、抗菌作用以及抗炎、镇静（抑制中枢神经、镇咳、镇痛）等作用。
※ 近年来的研究发现，茶皂素可能还具有降血压的功能。

学习单元二　茶与健康的关系

一、古人对茶与健康关系的认识

茶叶与健康的关系，古书中多有记载。早在中国古代，茶叶的药用保健价值就被记录和传颂了。

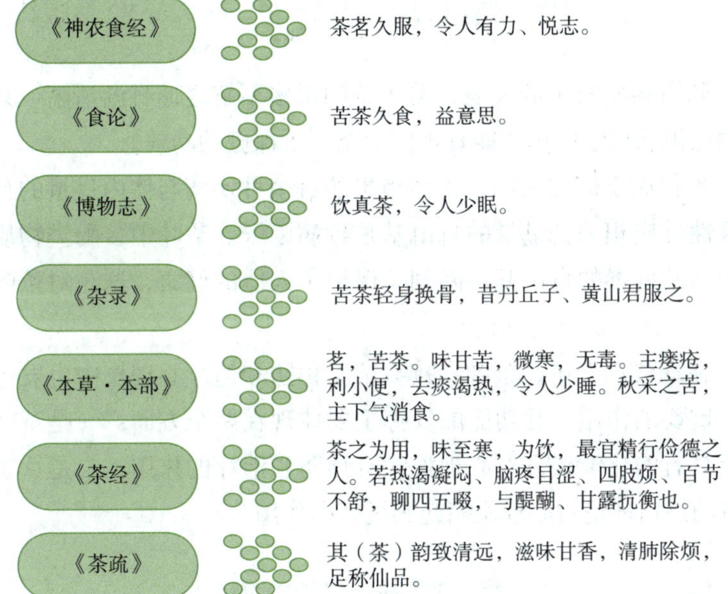

关键点

※ 古人对茶的药用价值的认识有：安神除烦、下气消食、祛风解表、生津止渴、清热解毒、清肺祛痰、醒酒解酒、利水通便等。

茶最早用于药，在历史演变中逐渐成为世界上三大无酒精饮料之一。根据《中国药典》相关内容，可以明确得知茶不是药，但在一定条件下，茶具有药用功能和功效，茶用于治疗时一定要在医生的指导下进行。

二、现当代茶与健康的研究

随着科学技术的发展，关于茶的很多不解之谜日渐清晰。只有正确认识和科学应用才能真正实现茶养生保健的功效。

现代医学研究表明，人体罹患的百余种疾病与体内过量的自由基毒性反应相关，过量的自由基是致病因子。茶叶中多酚类物质是一种高效低毒的自由基清除剂，保护了人体的健康，这是对茶叶的现代医疗研究的理论依据。

在现代社会中，茶叶在抗疲劳、预防和治疗心理疾中也发挥着非常重要的作用。其功能的发挥主要体现在两个方面：一是茶叶自身所具有的化学成分对心理疾病有预防和治疗的作用；二是饮茶所营造的舒适环境对心理疾病起到缓解的作用。

茶文化对心理健康的作用

※ 中国茶道精神提倡和诚处世、以礼待人、奉献爱心，建立和睦相处、相互尊重、互相关心的新型人际关系，有利于社会风气的净化。

※ 茶道、茶文化是一种雅静、健康的文化，它能使人们紧绷的心灵之弦得以松弛，倾斜的心理得以平衡。

※ 品茶可以放松心情、调整心理压力，更好地形成积极的心态，营造一种更加健康的心理状态，在促进心理健康发展同时提升内在的气质和修养。

学习单元三　科学饮茶常识

一、饮茶基本知识

喝茶是一门学问，只有会喝茶才能喝出健康来。了解一些正确饮茶知识可以帮助人们科学饮茶。

根据不同的茶叶特性选茶

※ 茶可以分为凉性、中性和温性，按照加工工艺不同可以把六大茶类分成不同特性的茶类。

※ 绿茶、白茶、黄茶属于凉性的茶类，青茶属于中性的茶类，红茶和黑茶属于温性的茶类。

根据不同的体质选茶

※ 每个人都有其特有的体质，而且还会随季节、气候、心情等因素发生变化，人们应实时关注体质的变化，以便选择不同的茶品。

根据不同的口味选茶

※ 初始饮茶或平日不大饮茶的人，最好品尝清香醇和的名优绿茶，如西湖龙井、黄山毛峰、信阳毛尖、庐山云雾等。

※ 有饮茶习惯、嗜好清淡口味的人，可以选择高档烘青和一些地方优质茶，如君山银针、霍山黄芽、旗枪、茉莉烘青等。

※ 喜欢茶味浓醇的人，选择半发酵的乌龙茶为佳，如铁观音、武夷岩茶、台湾地区乌龙茶等。

根据不同的季节选茶

※ 春季。宜饮清香四溢的花茶，一则可以祛寒除邪，二则有助于理郁，去除胸中浊气，促进人体阳刚之气回升。

※ 夏季。宜饮清莹碧翠的绿茶，可给人清凉之感，还能起到降暑之效。

※ 秋季。宜饮属性平和的乌龙茶，不凉不热，取红、绿两种茶的功效，既能消除盛夏灼热，又能恢复津液和神气。

※ 冬季。宜饮味甘性温的红茶，或者将它调制成奶茶，可以起到生热暖胃之效，也可以增强人体对寒冷的抗御能力。此外，冬季人们的食欲增强，进食油腻食品增多，饮用普洱茶可以去油腻、开胃口、助养生。

根据特殊的情况选茶

※ 在空调房或北方有暖气的房里，空气较为干燥，这时可以选择偏凉的茶类，以达到降热降燥的效果。

※ 患有疾病的人应根据病况适时选择有利于身体恢复的茶品，而用药时应慎饮茶。

二、饮茶误区

一般的饮茶者都会根据个人的趣味爱好饮茶，一旦形成习惯则

很难改变。在养成良好的饮茶习惯之前，我们首先要对饮茶误区有所了解。

茶治百病	※ 茶治百病偷换了"防"与"治"的概念，同时夸大了茶的作用。 ※ 茶能解毒，但解毒功效并不强，只能应对一些毒性小的情况。 ※ 茶能治病，但只能治疗一些小毛病。 ※ 茶能防病，但茶的防病功能只限于一定的范围内，只对某些疾病有预防作用。 ※ 不管哪一种茶，由于所含的药理成分基本相同，防病的功效也大致相同，不存在某类茶防治功能特别强的情况。
茶米等同	※ "茶米等同"的典型说法是"开门七件事，柴米油盐酱醋茶""饭可以不吃，茶不可以不喝"。但是，茶在日常生活中的重要性与柴米油盐不能等同。 ※ 茶始终是农业中的副业，只能在保证粮食生产的前提下有节制地发展。 ※ 对于个人来说，只有在吃饱了饭之后，才会考虑喝茶。 ※ 从某种角度来说，好茶永远是一种奢侈品，大多数人是粗茶淡饭，只将其作为解渴之物。
越陈越好	※ "越陈越好"的说法，是近年来为炒作某类茶而提出来的。 ※ 在适宜的保存环境下，在一定的时间内，储藏的茶不但不会变质，而且还有可能变得更好喝。 ※ 如果保存时间超过二十年，其内含物也早已随着时间的推移而消失殆尽，尽管仍然可以饮用，但其品质已发生变化，陈味较浓，香气滋味不值一提。
越早越好	※ "越早越好"的观点主要是在绿茶圈内流行，认为清明节前采摘的茶叶好。 ※ 一般来说，内含物最好的绿茶并非在清明前，而是在清明后至谷雨之间。 ※ 清明前的茶芽虽然萌发得早，但是芽头细小，太幼嫩，内质含量单薄。而清明后至谷雨间的茶芽则比较成熟，内质含量较为丰富。 ※ 科学的饮茶原则不是赶"早"而是赶"好"。
茶能醒酒	※ 饮酒后，酒中的乙醇经胃肠道进入血液，在肝脏中先转化为乙醛，再转化为乙酸，然后分解成二氧化碳和水经肾脏排出体外。 ※ 酒后饮浓茶，茶中的咖啡碱会迅速发挥利尿作用，从而导致尚未分解成乙酸的乙醛（对肾有较大刺激作用）过早地进入肾脏，对肾脏产生损害。 ※ 如果只是稍稍喝一些酒，并没有到醉的地步，可适当地喝一些淡茶，使口腔清洁舒适。 ※ 酒后能否饮茶，需要把握的一个界限就是"醉"与"不醉"。

三、饮茶禁忌

茶叶虽是健康饮料，但与其他任何饮料一样，也要饮之有度，过量则有害，特别是暴饮浓茶，对身体健康不但无益反而有害。

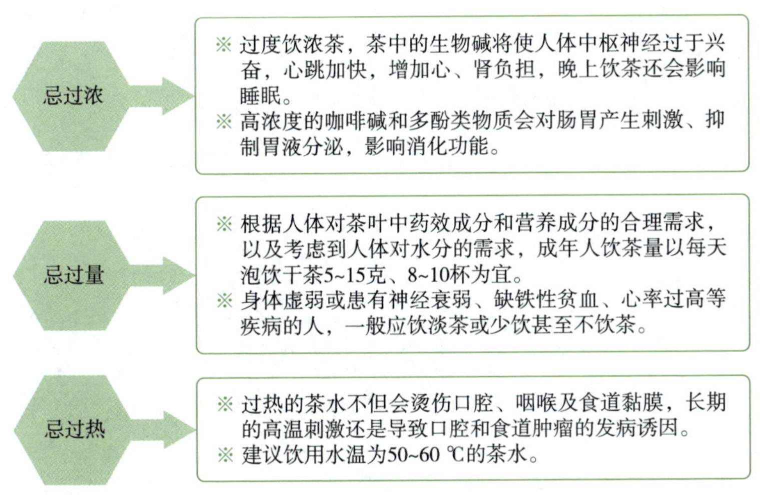

模块 五
不同茶类的冲泡技艺

学习单元一 绿茶的冲泡技艺

一、茶具选配

绿茶造型独特，茶叶中维生素 C 含量丰富。冲泡宜选用传热速度较快的玻璃器具，这样既可以保留其营养价值又可观赏绿茶的独特茶姿。

小贴士

※ 细嫩名优绿茶，宜选用精美透明的玻璃杯。

※ 大宗绿茶，宜选用玻璃壶、瓷壶、盖碗等。

二、水温、茶水比例

冲泡绿茶的水温及茶水比例见表 5–1。

表 5–1 绿茶水温及茶水比例表

项目	具体内容
水温	◎ 冲泡细嫩名优绿茶水温要求达到 80 ～ 85 ℃ ◎ 特别细嫩的碧螺春水温宜在 75 ～ 80 ℃ ◎ 大宗绿茶水温要求达到 85 ～ 90 ℃
茶水比例	◎ 通常为 1 ∶ 50 左右 ◎ 可根据不同器具容量、茶叶品种、饮茶习惯灵活调整

三、冲泡程序

在茶叶冲泡过程中，有三种不同的投茶方法，分别为上投法、中投法和下投法。上投法是先加水后投茶，中投法是先加水后投茶再加水，下投法是先投茶后加水。

以西湖龙井为例，采用下投法，展示冲泡程序。

茶具准备

烧水壶	玻璃杯
茶则	茶荷
茶匙	水盂

准备工作

※ 用茶则取适量西湖龙井于茶荷中备用。

※ 用烧水壶将水烧至沸腾，冷却到 85 ℃左右备用。

冲泡程序

步骤 1

恭迎嘉宾。

步骤 2

鉴赏佳茗。

冲泡程序

步骤 3

温盏洁具。将少量热水注入玻璃杯中，手拿杯底，轻轻转动杯身，使杯子上下温度一致，再将洗杯子的水倒入水盂。

步骤 4

静置香芽。拿起茶匙、茶荷，将茶叶轻轻拨入杯中，注意均匀适量。

步骤 5

温润茶芽。向玻璃杯中注水至三分满。

步骤 6

摇杯润茶。左手托住杯底，右手握住杯口，轻轻摇晃玻璃杯。

步骤 7

悬壶高冲。冲水至杯的七分满为宜。

步骤 8

敬奉香茗。

注意事项

※ 绿茶一般只冲泡三道。第一道称为“头开茶”，品“头开茶”除了要引导宾客目品“杯中茶舞”之外，还应着重引导宾客细啜慢品，品味鲜嫩的茶香与鲜爽的茶味。

※“头开茶”饮至尚余 1/3 杯时，就要及时续水，即再冲入开水至七分满，太迟续水会使“二开茶”茶汤淡而无味。

※ 品“二开茶”时，茶汤最浓，这时应注意引导宾客体会舌底涌泉、齿颊留香、满口回甘、身心舒畅的妙趣。

※“二开茶”饮剩小半杯时，应再次续水，一般绿茶到第三次冲水基本就淡薄无味了，这时可佐以茶点，以增茶兴。

扫码看视频

绿茶的冲泡

学习单元二　白茶的冲泡技艺

一、茶具选配

白茶冲泡方法与绿茶基本相同，但因其未经揉捻，且白毫披身，所以既不会破坏酶的活性，又不促进氧化作用，且保持毫香显现，汤味鲜爽。

小贴士

※ 茶具宜选用精美透明的玻璃杯、瓷器盖碗、瓷壶等。

二、水温、茶水比例

冲泡白茶的水温及茶水比例见表 5–2。

表 5–2　白茶水温及茶水比例表

项目	具体内容
水温	◎ 细嫩名优白茶可用 80 ~ 85 ℃的开水冲泡 ◎ 一般白茶可用 85 ~ 95 ℃的开水冲泡
茶水比例	◎ 通常为 1 ： 50 左右 ◎ 可根据不同器具容量、茶叶品种、饮茶习惯灵活调整

三、冲泡程序

1. 白毫银针的冲泡程序

以白毫银针为例，采用中投法，展示冲泡程序。

茶具准备

烧水壶	玻璃杯
茶则	茶荷
茶匙	水盂

准备工作

※ 用茶则取适量白毫银针于茶荷中备用。
※ 用烧水壶将水烧至沸腾备用。

冲泡程序

步骤 1

恭迎嘉宾。

步骤 2

鉴赏佳茗。

冲泡程序

步骤 3

温盏洁具。将少量热水注入玻璃杯中，手拿杯底，轻轻转动杯身，使杯子上下温度一致，再将洗杯子的水倒入水盂。

步骤 4

注水。向玻璃杯中注水至三分满。

步骤 5

静置香芽。用茶匙将茶荷中的白毫银针投到玻璃杯中。

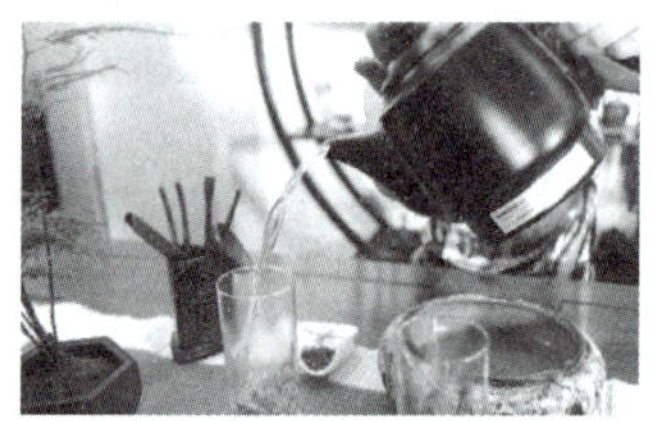

步骤 6

悬壶高冲。高冲水至杯子七分满，静置 3 ～ 5 分钟。

步骤 7

赏茶。静静欣赏茶舞，领略白毫银针的独特之处。

步骤 8

敬奉香茗。

注意事项

※ 白毫银针因未经揉捻，茶汁不易浸出，冲泡时间宜过长，冲水后一般经过 5 ~ 6 分钟茶芽才会慢慢沉底，约需 8 分钟饮用才能尝到白茶的本色、真香、全味。

※ 还应注意续水要及时，方法与绿茶相同。

2. 白牡丹的冲泡程序

以白牡丹为例，展示冲泡程序。

茶具准备

烧水壶	盖碗
品茗杯	茶则
茶荷	茶匙
公道杯	杯托
水盂	

准备工作

※ 根据盖碗的容量，用茶则取适量白牡丹于茶荷中备用。

※ 用烧水壶将水烧至沸腾，冷却到 95 ℃左右备用。

冲泡程序

步骤 1

温杯烫盏。打开碗盖，向盖碗中倒入热水，轻摇盖碗，温润碗壁。以同样方式再温润公道杯和品茗杯，最后将杯中之水倒入水盂。

步骤 2

投茶摇香。拿起茶匙、茶荷，将茶叶投到盖碗中并盖上碗盖，右手持盖碗，左手轻托杯底，上下摇动。

冲泡程序

步骤 3

注水。冲泡白茶需要用 95 ℃的水，冲泡时可以转圈注水，将水直接浇至茶叶上，浸润白牡丹。

步骤 4

静置。冲泡静置 40 ～ 50 秒。

步骤 5

出汤。将碗盖靠右侧斜盖，距离盖碗左侧有一小空隙，提起盖碗，将茶汤从空隙中倒入公道杯。出汤完毕后，打开碗盖。

步骤 6

分茶。将公道杯中的茶汤分至品茗杯中。

步骤 7

奉茶。双手持杯托进行奉茶，以示尊敬。

步骤 8

品饮。右手拇指、食指捏杯腹，中指抵住杯底，左手持杯托。品饮时观汤色、闻香气、尝滋味。

学习单元三　黄茶的冲泡技艺

一、茶具选配

黄茶与绿茶的茶性相似，所以在冲泡品饮时，可参照绿茶的方法。

小贴士

※ 茶具宜选用精美透明的玻璃杯或瓷壶等。

※ 君山银针、蒙顶黄芽、霍山黄芽等均由单芽加工制成，最宜用玻璃杯泡饮。

※ 广东大叶青、霍山黄大茶、皖西黄大茶等均由1芽3～4叶，甚至1芽5叶的粗大新梢加工而成，其茶形外观不雅，且冲泡时要求水温较高，保温时间较长，所以宜用瓷壶泡后，斟入茶杯再饮。

二、水温、茶水比例

冲泡黄茶的水温及茶水比例见表5–3。

表5–3　黄茶水温及茶水比例表

项目	具体内容
水温	◎ 蒙顶黄芽、霍山黄芽可用75 ~ 85 ℃的开水冲泡 ◎ 君山银针要用95 ℃以上的开水冲泡，并要在冲入开水后立即加盖

续表

项目	具体内容
茶水比例	◎ 通常为 1 ∶ 50 左右 ◎ 可根据不同器具容量、茶叶品种、饮茶习惯灵活调整

三、冲泡程序

以君山银针为例，采用下投法，展示冲泡程序。

茶具准备

烧水壶	玻璃杯
茶则	茶荷
茶匙	水盂

准备工作

※ 用茶则取适量君山银针置于茶荷中备用。

※ 用烧水壶将水烧至沸腾，冷却到 85 ℃左右备用。

冲泡程序

步骤 1

恭迎嘉宾。

步骤 2

鉴赏佳茗。

冲泡程序

步骤 3

温盏洁具。将少量热水注入玻璃杯中，手拿杯底，轻轻转动杯身，使杯子上下温度一致，再将洗杯子的水倒入水盂。

步骤 4

置茶。拿起茶匙、茶荷，将茶叶轻轻拨入杯中，注意均匀适量。

步骤 5

悬壶高冲。冲水至玻璃杯的七分满为宜。

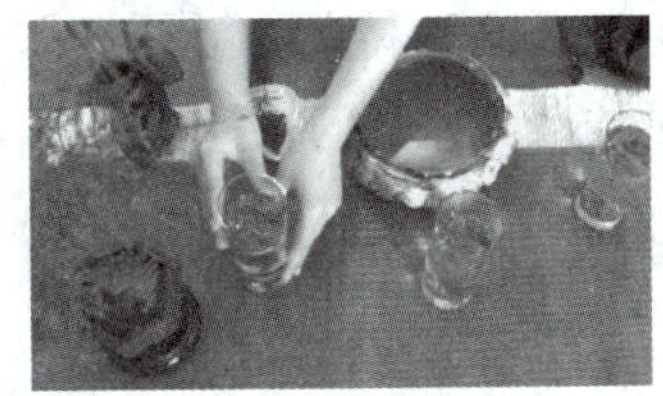

步骤 6

敬奉香茗。

小贴士

※ 君山银针是极具观赏价值的名茶之一，冲泡后最好不要着急品尝，要欣赏茶叶翩翩起舞的姿态，观赏性很强。

扫码看视频

黄茶的冲泡

学习单元四 青茶的冲泡技艺

一、茶具选配

乌龙茶干茶的外形条索紧结肥壮，茶叶内含有各种营养成分，冲泡后香高而持久，醇厚甘甜，回味无穷。要想领略乌龙茶的真香和妙韵，其器具的选择很讲究。

小贴士

※ 清香型乌龙茶宜选用白色瓷质盖碗、茶杯。

※ 韵香型乌龙茶可选用瓷壶、茶杯。

※ 浓香型乌龙茶宜选用紫砂壶、闻香杯、茶杯。

二、水温、茶水比例

冲泡乌龙茶的水温及茶水比例见表 5–4。

表 5–4 乌龙茶水温及茶水比例表

项目	具体内容
水温	◎ 冲泡乌龙茶的水，水温要求达到 100 ℃
茶水比例	◎ 通常为 1 ∶ 15 至 1 ∶ 20 ◎ 可根据不同器具容量、茶叶品种、饮茶习惯灵活调整

三、冲泡程序

1. 安溪铁观音的冲泡程序

以安溪铁观音为例，展示冲泡程序。

茶具准备

烧水壶	茶巾
紫砂壶	闻饮杯组
茶则	茶匙
茶夹	茶样罐
茶漏	公道杯
杯托	水盂

准备工作

※ 将茶巾叠放整齐。

※ 用烧水壶将水烧至沸腾备用。

冲泡程序

步骤 1

恭迎嘉宾。

步骤 2

置杯定位。将扣在品茗杯中的闻香杯翻转，与品茗杯并列于杯托上。

冲泡程序

步骤 3

盂臣温暖。将热水注入紫砂壶中，为壶升温。

步骤 4

温盅。用紫砂壶内的水温烫公道杯，待杯子温热后将水倒入水盂。

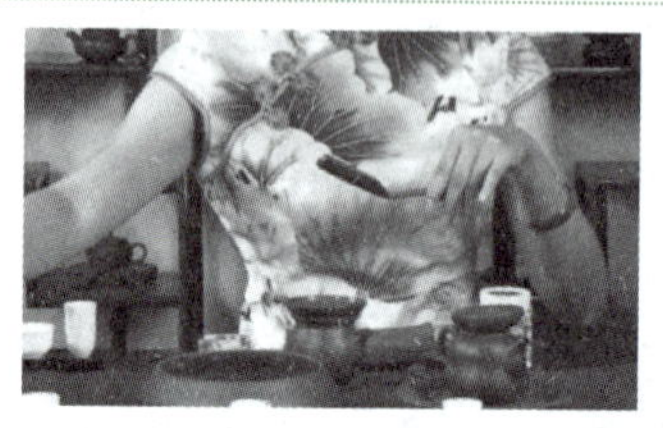

步骤 5

精品鉴赏。用茶则从茶样罐中取茶叶进行赏茶。

步骤 6

佳茗入宫。将茶漏置于壶上，拿起茶匙、茶则，将茶叶轻轻拨入壶中，注意均匀适量。

步骤 7

润泽香茗。向紫砂壶中注入热水，进行温润泡，将紧结的茶球泡松，激发茶叶的香气和内质。

步骤 8

荷塘飘香。将温润泡的茶汤倒入公道杯中。

冲泡程序

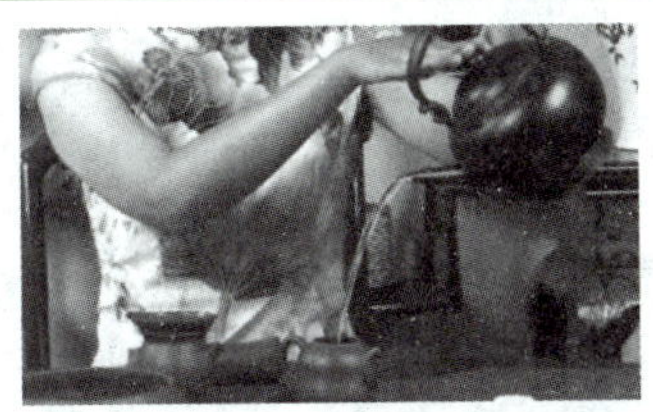

步骤 9

旋律高雅。再次向紫砂壶中注入热水。

步骤 10

沐淋瓯杯。将公道杯中湿润泡的茶汤倒入闻香杯与品茗杯中，以提高杯子的温度，温杯后用茶夹将杯中的茶汤倒入水盂。

步骤 11

茶熟香温。将浓淡适度的茶汤斟入公道杯中，散发着暖暖的茶香。

步骤 12

茶海慈航。将公道杯中的茶汤分别倒入杯中，以七分满为宜。

步骤 13

敬奉香茗。

注意事项

※ 温润泡的茶汤一般不饮用。

※ 冲泡乌龙茶要求水、器双高，从而发挥出乌龙茶的真香本色。

※ 在开泡前要先用开水淋壶烫杯，以提高器皿的温度。若品茗杯经过消毒，只要将开水倒入杯中，轻摇一下即可，不用扣杯洗法。

※ 每次冲水、斟茶时可先用茶巾轻擦壶身，以保持茶具和桌面干净整洁。

扫码看视频

乌龙茶的冲泡

2. 冻顶乌龙的冲泡程序

以冻顶乌龙为例，展示冲泡程序。

茶具准备

烧水壶	紫砂壶
茶则	茶荷
茶匙	品茗杯
公道杯	杯托
水盂	

准备工作

※ 根据紫砂壶容量大小，用茶则取适量冻顶乌龙放入茶荷中备用。

※ 用烧水壶将水烧至沸腾备用。

冲泡程序

步骤 1

温壶。打开紫砂壶盖，向壶中注入少许沸水，盖上壶盖，温润紫砂壶。

步骤 2

温杯。将紫砂壶中的热水倒入公道杯与品茗杯，温润杯子后将水倒入水盂。

步骤 3

投茶。打开壶盖，拿起茶匙、茶荷进行投茶。

步骤 4

润茶。向紫砂壶中注入少许沸水，快冲快出进行润茶，随后将茶汤倒入水盂。

步骤 5

冲泡。悬壶高冲，盖上壶盖，用沸水淋壶，用以加热壶内的温度，使茶叶、茶汤更加饱满、醇厚。

步骤 6

出汤。将壶中茶汤倒入公道杯中，出汤时要缓缓倾斜紫砂壶，将壶中的茶汤完全沥出。

冲泡程序	
 步骤 7 分茶。将公道杯中的茶汤分至品茗杯中。	 步骤 8 奉茶。双手持杯托进行奉茶，以示尊敬。
 步骤 9 品饮。右手拇指、食指捏杯腹，中指抵住杯底，左手持杯托。品饮时观汤色、闻香气、尝滋味。	

小贴士

※ 刮沫。右手持壶，左手拿起壶盖沿壶口逆时针绕一圈，刮掉上面的泡沫，并用水壶的水烫洗壶盖。

※ 出汤。右手持壶逆时针绕两圈后提壶再压低、停留片刻，待壶中的茶汤断流后轻点一下即可。

※ 淋壶。用温润泡的茶汤沿壶盖至壶钮逆时针淋紫砂壶，既可提高壶温使内外温度一致，又可达到养壶的效果。

学习单元五 红茶的冲泡技艺

一、茶具选配

不同的红茶因其特性与冲泡方法不同，所以相对应的茶具选配也不尽相同。

小贴士

※ 工夫红茶条索紧细，具有独特的清鲜持久的香味，冲泡后汤色红艳明亮，玻璃壶为最佳选择，或选用精美的细瓷壶和细瓷杯组合，这样的组合比较温馨并富有情趣，能充分展示其内质美。

※ 正山小种滋味浓厚甜醇，有特殊的松烟香，宜选用紫砂壶，能除去浓郁的松烟香，使香气幽雅持久，滋味更加甜醇。

※ 红碎茶有叶茶、碎茶、片茶、末茶，适合选飘逸杯、瓷壶等大壶冲泡后进行调和，分入玻璃杯品饮。

二、水温、茶水比例

冲泡红茶的水温及茶水比例见表 5–5。

表 5–5 红茶水温及茶水比例表

项目	具体内容
水温	◎ 一般红茶采用初沸的水 ◎ 金骏眉宜用 80 ~ 85 ℃的水
茶水比例	◎ 投茶量以每杯（200 毫升的标准杯）3 ~ 5 克为宜，可根据招待宾客多少来计量。用壶冲泡红茶时，一壶的投茶量最少应在 5 克，如果茶叶太少，即使少冲水也无法充分发挥出红茶的香醇味 ◎ 可根据不同器具容量、茶叶品种、饮茶习惯灵活调整

三、冲泡程序

1. 祁门红茶的冲泡程序

以祁门红茶为例，展示冲泡程序。

茶具准备

烧水壶	小瓷壶
品茗杯	公道杯
茶则	茶匙
茶荷	杯托
水盂	

准备工作

※ 用茶则取适量祁门红茶置于茶荷中备用。

※ 用烧水壶将水烧至沸腾备用。

冲泡程序	
 步骤 1 恭迎嘉宾。	 步骤 2 置杯定位。将扣在杯托上的品茗杯翻转。
 步骤 3 鉴赏佳茗。	 步骤 4 温壶烫盏。用热水温润小瓷壶、公道杯和品茗杯，最后将热水倒入水盂。
 步骤 5 佳茗入宫。用茶匙将茶荷中的茶叶拨至小瓷壶中。	 步骤 6 悬壶高冲。向小瓷壶中注入热水。
 步骤 7 分茶入杯。将泡好的茶依次倒入品茗杯中。	 步骤 8 敬奉香茗。

小贴士

※ 泡茶前，可在茶荷中观赏祁门红茶，其色泽乌黑，而非红色，被称为“宝光”。

※ 祁门红茶通常可冲泡三次，每次口感都不相同。

扫码看视频

红茶的冲泡

2. 金骏眉的冲泡程序

以金骏眉为例，展示冲泡程序。

茶具准备

烧水壶	品茗杯
盖碗	茶则
茶荷	茶匙
公道杯	杯托
水盂	

准备工作

※ 根据盖碗的容量，用茶则取适当克数的金骏眉放入茶荷中备用。

※ 用烧水壶将水烧至沸腾，冷却到 85 ℃左右备用。

冲泡程序

步骤 1

温杯烫盏。打开碗盖，向盖碗中倒入热水，轻摇盖碗，温润碗壁。以同样方式再温润公道杯和品茗杯，最后将水倒入水盂。

步骤 2

投茶。打开盖碗的盖子，拿起茶匙、茶荷，将茶叶投到盖碗中并盖上碗盖。

步骤 3

摇香。右手执盖碗，左手轻托杯底，上下摇动，嗅其干茶香气。

步骤 4

冲泡。将 85 ℃左右的热水沿杯壁缓慢注入，避免热水击打茶叶。

步骤 5

出汤。将碗盖靠右侧斜盖，距离盖碗左侧有一小空隙，提起盖碗，将茶汤从空隙中倒入公道杯。出汤完毕后，打开碗盖。

步骤 6

分茶。将公道杯中的茶汤分至品茗杯中。

冲泡程序	
 步骤 7 奉茶。双手持杯托进行奉茶，以示尊敬。	 步骤 8 品饮。右手拇指、食指捏杯腹，中指抵住杯底，左手持杯托。品饮时观汤色、闻香气、尝滋味。

学习单元六　黑茶的冲泡技艺

一、茶具选配

黑茶的原料一般都比较粗老，渥堆发酵后通常会压制成各种质地紧实坚硬的块状，为了使黑茶中的营养物质充分溶解出来，一般采取煮饮法或采用 100 ℃的沸水冲泡。

小贴士

※ 砖形黑茶选用茶壶、陶壶。

※ 普洱茶选用紫砂壶最佳，瓷壶、盖碗次之。

二、水温、茶水比例

冲泡黑茶的水温及茶水比例见表 5–6。

表 5–6　黑茶水温及茶水比例表

项目	具体内容
水温	◎ 为保证黑茶中的营养物质充分溶解，必须用 100 ℃的水冲泡
茶水比例	◎ 通常为 1 ： 50 左右 ◎ 可根据不同器具容量、茶叶品种、饮茶习惯灵活调整

三、冲泡程序

1. 普洱茶的冲泡程序

以宫廷普洱茶为例，展示冲泡程序。

茶具准备

烧水壶	小瓷壶
品茗杯	茶则
茶荷	茶匙
茶漏	茶滤
公道杯	茶盘
茶巾	

准备工作

※ 用茶则取适量宫廷普洱茶于茶荷中备用。

※ 用烧水壶将水烧至沸腾备用。

冲泡程序

步骤 1

恭迎嘉宾。

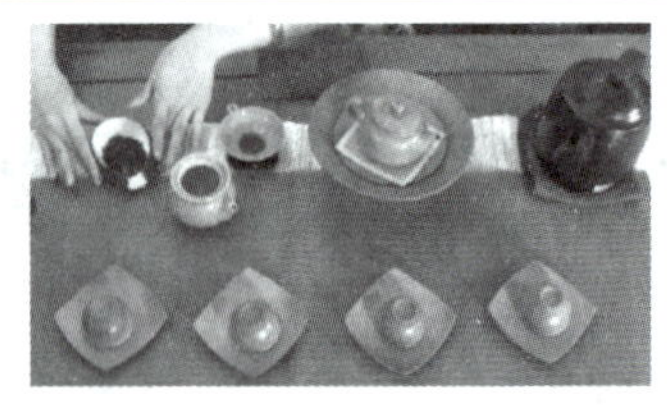

步骤 2

鉴赏佳茗。

冲泡程序

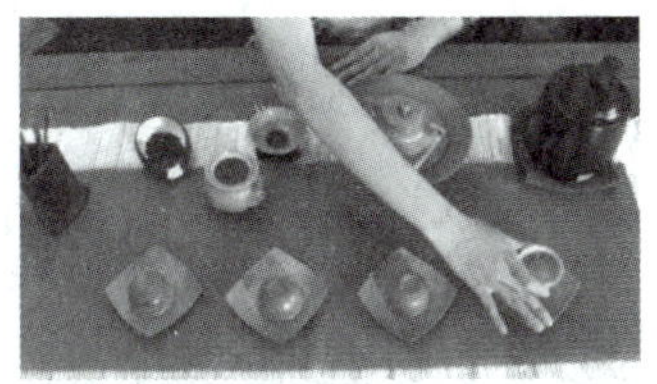

步骤 3

翻杯。将扣在杯托上的品茗杯翻转。

步骤 4

温壶。将烧水壶中的沸水倒入小瓷壶中。

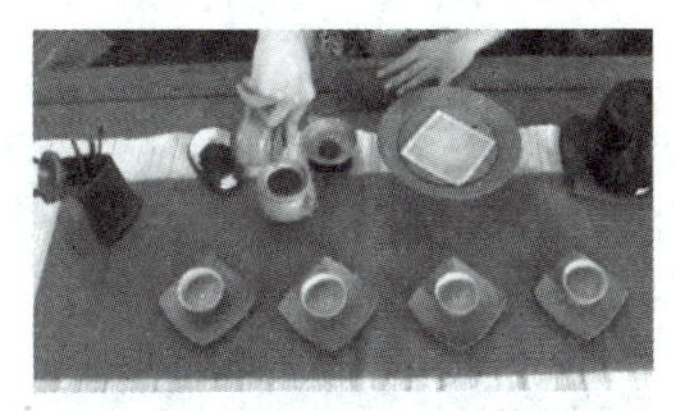

步骤 5

温公道杯。将小瓷壶中的水倒入公道杯中，公道杯温热后，将水倒入茶盘。

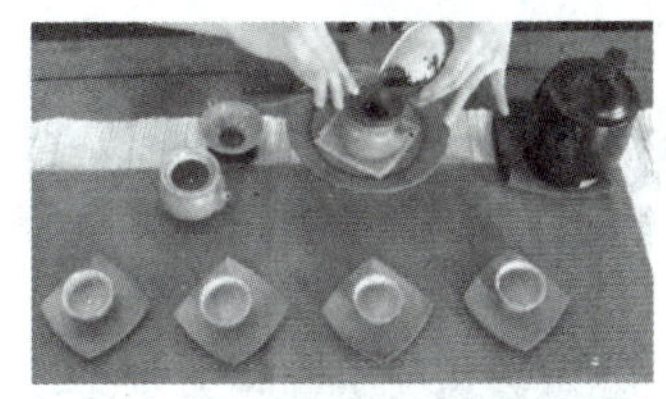

步骤 6

佳茗入宫。把茶漏放在小瓷壶上，用茶匙将茶叶拨至壶中。

步骤 7

润泽香茗。向壶中冲入热水，进行温润泡，之后将茶滤置于公道杯上，将小瓷壶中的茶汤倒入公道杯中。

步骤 8

温杯。将公道杯中茶汤倒入品茗杯中，温热后将品茗杯中的茶汤倒入茶盘，并用茶巾擦干杯底。

冲泡程序

步骤 9

悬壶高冲。

步骤 10

斟茶。将茶滤置于公道杯之上，将冲泡好的茶汤倒入公道杯中。

步骤 11

分茶入杯。取下茶滤，将公道杯中的茶汤斟入品茗杯中。

步骤 12

敬奉香茗。

小贴士

※ 若茶、水比例适当，冲泡得法，普洱熟茶能冲泡十次之多。

扫码看视频

普洱茶的冲泡

2. 茯茶的冲泡程序

以茯茶为例，展示冲泡程序。

茶具准备

烧水壶	盖碗
品茗杯	公道杯
茶针	茶荷
茶匙	杯托
水盂	

准备工作

※ 用茶针取适量茯茶于茶荷中备用。

※ 用烧水壶将水烧至沸腾备用。

冲泡程序

步骤 1

温杯烫盏。打开碗盖，向盖碗中倒入热水，轻摇盖碗，温润碗壁。以同样方式再温润公道杯和品茗杯，最后将水倒入水盂。

步骤 2

投茶。打开盖碗的盖子，拿起茶匙、茶荷，将茶叶投到盖碗中。

冲泡程序	
 步骤 3 温润泡。提壶注入少量热水，出汤，将温润泡的茶汤挂杯，倒入水盂。	 步骤 4 冲泡。提壶注入沸水，注水可较满，以保证茯茶的香气。
 步骤 5 出汤。将碗盖靠右侧斜盖，距离盖碗左侧有一小空隙，提起盖碗，将茶汤从空隙中倒入公道杯。出汤完毕后，打开碗盖。	 步骤 6 分茶。将公道杯中的茶汤分至品茗杯中。
 步骤 7 奉茶。双手持杯托进行奉茶，以示尊敬。	 步骤 8 品饮。右手拇指、食指捏杯腹，中指抵住杯底，左手持杯托。品饮时观汤色、闻香气、尝滋味。

小贴士

※ 茯茶出汤时可根据个人习惯选择使用或不使用茶滤，杯盖中的残茶要滤净。

学习单元七 花茶的冲泡技艺

一、茶具选配

现代花茶包括窨花花茶、工艺造型花茶（福安）和花草茶三类，其冲泡要领各有不同。花茶融茶之韵与花之香为一体，所以冲泡花茶的基本要领是使茶尽展其神韵，使花的香味不散失。

小贴士

※ 用乌龙茶、普洱茶为茶坯窨制的花茶，选用青花瓷壶、茶杯、紫砂壶等。

※ 用红茶、黄茶、绿茶、白茶为茶坯窨制的花茶，选用青花瓷盖碗、玻璃杯、瓷壶。

※ 低档茶或茶末宜选用瓷壶、飘逸杯等。

二、水温、茶水比例

冲泡花茶的水温及茶水比例见表 5–7。

表 5–7　花茶水温及茶水比例表

项目	具体内容
水温	◎ 以乌龙茶、普洱茶为茶坯窨制的花茶，应选用 100 ℃的水冲泡 ◎ 以高档红茶、绿茶、黄茶、白茶为茶坯窨制的花茶，应选用 80 ~ 90 ℃的水冲泡 ◎ 以中档红茶、绿茶、黄茶、白茶为茶坯窨制的花茶，应选用 95 ~ 100 ℃的水冲泡 ◎ 低档茶或茶末一般宜选用 100 ℃的水冲泡
茶水比例	◎ 通常为 1 ： 50 左右 ◎ 可根据不同茶坯原料、器具容量、饮茶习惯灵活调整

三、冲泡程序

以花茶为例，展示冲泡程序。

茶具准备

烧水壶	盖碗
茶则	茶荷
茶匙	水盂

准备工作

※ 用茶则取适量花茶于茶荷中备用。

※ 用烧水壶将水烧至沸腾备用。

冲泡程序

步骤 1

恭迎嘉宾。

步骤 2

鉴赏佳茗。

步骤 3

温盏洁具。打开碗盖，注入少量热水，双手轻轻摇动盖碗，使盖碗受热均匀，达到温杯与洁具的作用，随后将水倒入水盂中。

步骤 4

佳茗入盏。用茶匙将花茶轻轻拨入盖碗中。

步骤 5

静温香芽。将热水倒入盖碗中至三分满，随后盖上碗盖，双手轻摇盖碗，使茶香飘散。

步骤 6

悬壶高冲。再次向碗中冲水，随后盖上碗盖。

冲泡程序	
 步骤 7 敬奉香茗。	

小贴士

※ 特种工艺造型茶和高档茉莉花茶的冲泡宜用玻璃杯，水温以80～90 ℃为宜。

※ 中档茉莉花茶宜选用瓷盖碗茶杯冲泡。

扫码看视频

花茶的冲泡